JN204648

フードバンク

FOOD BANK

世界と日本の困窮者支援と食品ロス対策

佐藤順子
編著

明石書店

フードバンク
——世界と日本の困窮者支援と食品ロス対策

目次

はじめに——本書の意義と各章の概要

1　本書の目的

フードバンクとは、農林水産省の定義によると、「食品企業の製造工程で発生する規格外品などを引き取り、福祉施設等へ無料で提供する『フードバンク』と呼ばれる団体・活動」であり、「まだ食べられるにもかかわらず廃棄されてしまう食品（いわゆる食品ロス）を削減するため、こうした取り組みを有効に活用していくことも必要」[1]とされている。

日本における初めてのフードバンク活動は、2000年にセカンドハーベスト・ジャパンが寄贈された食品を用いて炊き出し等を行ったことが端緒となり[2]、それ以降、フードバンク数は増え続け、2017年1月末時点で全国のフードバンク団体数は77か所を数えている[3]。

日本におけるフードバンクは農林水産省によって所管されており、食品ロスの削減や環境負荷の縮減等を主な目的とする活動して位置付けられてきた（小林、2015：1-7）。

しかし、近年の傾向として、フードバンクは、生活困窮者をはじめとした食料の困難経験者に対する食料支援を目的とする活動にシフトしてきていると言えよう。その契機として、2013（平成25）年に施行された生活困窮者自立支援法の施行が挙げられる。具体的には、フードバンクによっては行政（福祉事務所）や社会福祉協議会と連携し、生活困窮者等に食料を届けたり、あるいは社会福祉協議会自らがフードバンク活動を開始する動きが見られる。これは、フードバンク活動が生活困窮者支援にとって有用であるとの認識が拡がりを見せていることを示している。

本書は、フードバンクが食品ロスの削減や環境負荷の縮減等と同時に、生活困窮者を含めた食料の困難経験者に対する支援をも目的としていることを踏まえて、日本におけるフードバンク研究の現在を提示するものである。

フードバンク研究に最も長い歴史を持つアメリカの研究者、グプティル、コプルトンとルーカルは、*Food and Society*（邦題『食の社会学——パラドクスから考える』）において、工業的なアグリフードシステムによる食料の大量生産には、程度の差はあるが、食料廃棄ロスはつきものであり、フードバンクを含む食料支援プログラムはアグリフードシステム全体にとって欠かせないとしている（Guptill, Copelton and Lucal, 2013 = 2016：183–204）。しかし、アメリカでは、フードバンクによっては、利用者がフードバンクの運営に参加するプログラムを導入する等の新しい展開を見せており、利用者は食品ロスを受け取るだけに過ぎない存在ではない、という可能性をも示している。

フードバンク研究にはいくつもの論点が存在するが、本書で取り上げた主な論点として次の4点が挙げられる。①フードバンクの先進国では、どのような取り組みがなされているのか、また、取り組みの背景や経過はどのようなものか、②フードバンクによる食料支援は、社会保障制度においてどのような位置付けにあるか、または、あるべきか、③日本におけるフードバンクによる生活困窮者等に対する支援はどのように行われているか、また、どのようになされた場合に効果が期待できるか、④フードバンク活動の基盤となる食料寄付のアカウンタビリティの実際はどのようなものか、である。

本書では、主に上記4つの論点をもとに、国内外における調査と資料収集を踏まえて実証的研究を行った成果を取りまとめている。他にもフードバンクにかかわる論点は、アメリカ等のフードバンク先進国で研究されているように、たとえば、企業や個人による食料の寄贈行動という側面、フードバンクから提供される食料の栄養価の分析やフードバンク利用者に関する側面等、いくつも存在するだろう。それらについては、日本のフードバンク活動が今後、さらに展開されていくに伴って検討されるべき今後の課題としておきたい。

以下、各章の概要について紹介していく。

2　各章の紹介

第１章　世界の食品ロス対策とフードバンクの多様性

筆者は、日本および諸外国における食品ロス削減等の視点からのフードバンクをテーマに、精力的な調査活動を行っている研究者である。筆者は、日本と欧米ではそもそも食品ロスの定義や削減対象の食品の範囲が異なっているとしながらも、日本が国際的な枠組みのなかで、食品ロス問題やフードバンクとどのように向き合うべきかを考える好機にあると捉えている。背景には、フードバンク活動が拡がりを見せていることや環境省による食品ロス削減の数値目標のあり方についての検討作業が進行していることが挙げられる。

本章では、海外の動向としてアメリカ、フランス、イギリス、韓国、台湾およびAPEC諸国における食品ロス対策とフードバンクの位置付けと現状について述べられている。具体的には、食品ロスの削減手法において、国際的に最も普遍的なものが環境からのアプローチであり、その上でフードバンクはどのように位置付けられるかは各国ごとに多様性がみられるとしている。

日本のカロリーベースの食料自給率は、韓国を下回って先進国中最下位であり、食料はもっぱら輸入に依存し、海外の食料生産に頼らざるを得ない状況である。筆者は、日本においても、海外の輸入元も含めて食品ロス発生量を削減するような大胆な目標設定に合意できれば、ボトムアップの取り組みが大きく進展する可能性があると指摘する。

第2章　社会保障システムにおけるフードバンクの意義と役割

本章は、フードバンクが社会保障システムにおいてどのような位置付けにあるのか、または、あるべきかについて考察を加えた野心的な論考である。フードバンクの持つ福祉的役割については、フードバンクは生活困窮者等に対する対症療法に過ぎず、所得保障が根本療法である、または、現金給付を重視する立場から現物給付は評価しないといった、二項対立的な議論におちいる傾向がある。

筆者は、先進諸国でみられる、所得保障を重視するがゆえのフードバンク活動への批判を紹介し、つぎにAmartya Senの潜在能力アプローチ論にもとづき、所得保障が食料を入手するために機能していないケースを外在的要因と内在的要因に分類している。そして、この「所得保障の機能不全」に対して、フードバンクが食料を直接提供することによるフード・セキュリティの実現可能性を評価する。

しかし、筆者は、食料を組織的に集めて生活困窮者のために供給する活動がフードバンク以外には見当たらないことから、現時点では、「フードバンク活動による食料の直接供給機能が所得保障を補完しうることを説明したに留まる」とし、フードバンク活動が所得保障の機能不全を補完するための条件とは何か、その議論については今後に待ちたいとしている。

第3章　日本のフードバンクと生活困窮者支援

本章は、国内のフードバンクや施設・支援団体からの聴き取り調査およびアンケート調査によって、フードバンクとフードバンクから食料を受け取っている行政（福祉事務所）、社会福祉協議会、施設や支援団体による食料支援が生活困窮者支援においてどのような役割を果たしているか、そしてその課題は何かを明らかにしようとしている。

調査の結果、(1) 食料支援の基準は施設・支援団体の判断に負っている場合が多く、もっぱら利用者の状況や利用者本人の希望にもとづいている、(2) 食料支援が施設・支援団体と利用者との関係性を維持・強化している、(3) 食料支援と生活保護制度が密接な関係性を持っていること等を明らかにしている。

また、筆者は、フードバンクから食料を受け取っている施設・支援団体が、今後、食料支援が利用者の生活にどのような効果を持つか検証し、フードバンクに対してフィードバックすることの必要性について述べている。さらに、フードバンク関西の「食のセーフティネット事業」を紹介しながら、フードバンクは生活困窮者のみに対する食料支援ではなく、地域・世帯レベルのフード・セキュリティを達成するための食料支援のシステムの一環として位置付け、行政が取り組むべき課題であることを示唆している。

コラム　熊本地震においてフードバンクはどのような役割を果たしたのか
――フードバンクかごしまの事例をもとに

本コラムは、多くの災害の最前線で被災者支援にあたる研究者による、フードバンクかごしま・原田一世代表への聴き取り調査結果報告にもとづくものである。2011年3月の東日本大震災、2016年4月の熊本地震と、日本ではシビアな災害が続き、その際の支援のあり方についての研究は急速に拡がりを見せているところである。

コラムでは、フードバンクかごしまによる被災地支援の実際について、時系列に沿って明らかにしており、フードバンクが行政をはじめ関係機関や団体とネットワークを形成しながら、支援活動を充実させていくことの意義を明らかにしている。

第4章　フランスのフードバンク――手厚い政策的支援による発展

本章は、近年の欧米におけるフードバンク研究の動向を踏まえ、フランスのフードバンクの事例調査をもとに、生活困窮者支援の観点からフードバンクのあり方を考察するものである。筆者は、海外における先行研究の動向を踏まえ、(1) 政府の政策においてフードバンクがどのように位置付けられているのか、(2) フードバンクは生活困窮者支援に対する食料支援からその先の社会的包摂にどうつなげているのか、(3) フードバンクは提供する食料の栄養面にどのように配慮しているのか等という点に着目しながら、フランスにおけるフードバンクの実態について調査を行っている。

フランスでは、1980年代後半に誕生したフードバンク活動が、その後、生活困窮者に対する食料支援政策の一環として組み込まれてきた。こうした食料支援政策が自立支援や社会的包摂の政策全体の中に位置付けられることが、貧困削減にとって重要だと考えられているからである。他方、食料の栄養バランスに関しては、フードバンク団体が生鮮食品を含む冷凍・冷蔵・常温の3温度帯の食料を扱えることが必要であり、その財政的な裏付けも不可欠となる。

日本においても、フードバンクや支援政策の量的成長ばかりでなく、その質的な側面や社会保障政策全体における位置付けにも着目する必要があるだろう。

第5章　アメリカのフードバンク――最も長い実践と研究の歴史

本章では、生活困窮者支援の観点からアメリカのフードバンク活動およびそれに関する研究を取り上げている。筆者は、まずアメリカにおけるフード・インセキュリティの問題と政府の食料支援政策の歴史的経過と現状を俯瞰した上で、フードバンクが食料支援政策の不足分を補完するために生じ、普及してきたと指摘する。

また、フード・インセキュリティと政府の食料支援政策およびフードバンクに関するアメリカにおける先行研究をレビューし、「食料権利論」「地域フード・セキュリティ論」「栄養と健康」といった課題がフードバンクに投げかけている批判や問題提起を整理している。

さらに、現地調査を踏まえて、現在のフードバンクがこれらの批判や問題提起にどう答えようとしているのかを紹介し、包括型福祉サービスの可能性について論じている。

第6章　韓国のフードバンク――政府主導下での急速な整備

本章では、生活困窮者支援の観点から韓国におけるフードバンクのシステムと事例を取り上げている。筆者は、その前提として福祉国家としての韓国の特徴を述べ、公的扶助や社会保険の不十分さを代替するものとして、1990年代末以降、韓国では政府主導によりフードバンクの体系が構築されたという特徴を述べている。

韓国のフードバンクは、政府系フードバンクと民間フードバンクの2種類に大別される。政府系フードバンクは全国・広域・基礎の各フードバンクの層構造からなっているが、本章では、ソウル市広域フードバンクとソウル市江南区の基礎フードバンクを事例に取り上げて紹介している。他方、民間フードバンクとしては聖公会フードバンクを取り上げ、食料の配給に限定されない幅広い活動を行うなど、政府系フードバンクとは異なる独自性が見られる、としている。

韓国では、フードバンクに関する研究の蓄積はまだ少ないが、フードバンク団体の運営やフード・セキュリティや福祉の観点からの研究が見受けられるとしている。

第7章　食料等の現物寄付の評価
――アメリカのフードバンクとアカウンタビリティ

フードバンク活動には企業や個人からの食料等の寄付が欠かせないものである。筆者は、2016年3月に実施したフィーディング・アメリカ（アメリカ合衆国・シカゴ市）からの聴き取り調査と資料収集をもとに、フードバンクが今後の活動を健全に行っていく上で、アカウンタビリティの確保をどのようにしていくかを論点としている。

現在、日本のフードバンクにおいて、財務諸表上に現物寄付の価値を評価し計上しているケースはまだ限られているところである。そのため、今後、日本のフードバンクの健全性を確保する上で、アカウンタビリティの側面から留意すべき点について、アメリカのフードバンクが示唆するところをまとめている。

本書の刊行を機に、日本におけるフードバンクについての議論が深まれば幸いである。

そして、末筆ながら、ご多忙の中時間を割いて丁寧に調査にご協力くださったフードバンク、施設、支援団体の皆さま、並びにフードバンクに関する研究書を刊行するにあたって、企画の段階からお力添えを頂いた明石書店編集部・神野斉部長に心からお礼を申し上げます。

執筆者を代表して
佐藤　順子

＊本書は以下の補助金による成果物である。記して感謝したい。

・学術研究助成基金助成金基盤研究（C）「食品ロスの測定を通じた食料需給システムの効率性と環境負荷に関する国際比較」（課題番号：15K07627、2015～2017年度、研究代表者：小林富雄）
・科学研究費補助金特別研究員研究奨励費「貸付と給付のリンケージ構造の研究」（課題番号：15J10975、2015～2016年度、研究代表者：角崎洋平）
・学術研究助成基金助成金基盤研究（C）「生活困窮者支援におけるフードバンク活動の役割」（課題番号：15K03985、2015～2018年度、研究代表者：佐藤順子）
・学術研究助成基金助成金基盤研究（C）「社会的排除に対する社会的連帯経済の役割に関する日韓比較研究」（課題番号：15K03969、2015～2017年度、研究代表者：柳澤敏勝、研究分担者：小関隆志ほか）

注

1 農林水産省ウェブサイト（http://www.maff.go.jp/j/shokusan/recycle/syoku_loss/foodbank.html）2018年1月20日閲覧。

2 セカンドハーベスト・ジャパン ウェブサイト（2hj.org/about/history.html）2018年1月20日閲覧。

3「国内フードバンクの活動実態把握調査及びフードバンク活用推進情報交換会報告書」（http://www.maff.go.jp/j/shokusan/recycle/syoku_loss/attach/pdf/161227_8-38.pdf）2018年1月20日閲覧。

参考文献

小林富雄（2015）『食品ロスの経済学』農林統計出版。

Guptill, A.E., D.A. Copelton and B. Lual（2013）*Food & Society: Principles and Paradoxes*, Polity Press, Cambridge.（伊藤茂訳（2016）『食の社会学――パラドクスから考える』NTT出版）。

第1章

世界の食品ロス対策とフードバンクの多様性

小林　富雄

はじめに――食品ロスをめぐる世界の潮流

2016年2月、フランスで食品廃棄禁止法（Loi sur les déchetsalimentaires）が成立し、大手スーパーマーケット（店舗面積400㎡以上）の食品廃棄が禁止された。そして同時に、慈善団体等への過剰食品の寄贈（フードバンク）や飼料化を通じたリサイクルなどの対応が求められ、慈善団体との契約が義務付けられた。このことは一部の国内メディアでもセンセーショナルに取り上げられたが、罰則規定があいまいであるなど、次第に象徴的な法律であったことが知られるようになった。筆者が2017年2月に英仏へ渡航した際も、フランスの国家機関である環境エネルギー管理庁（Agence de l'Environnement et de la Maîtrise de l'Énergie、以下：ADEME）やフードバンク（BanqueAlimentaires）へのインタビューを通じ「法律ができたから変わるわけではなく、すでに法律成立前から他の制度や国民意識が整っていた」というのが関係者の共通認識であった。但し、このような法律の重要性は、「食品ロス」に立ち向かうというフランス国家としての姿勢が国内外に示された点にある[1]。

このように世界に拡散しはじめた食品ロス削減の機運の高まりは、2015年9月に国連総会で採択された「持続可能な開発のための2030年アジェンダ」と

17のゴール（SDGs）が大きく影響している。SDGsの169のターゲットのうち12.3項に「2030年までに小売・消費レベルにおける世界全体の一人当たりの食品廃棄物を半減させ、収穫後損失などの生産・サプライチェーンにおける食品の損失を減少させる」と記載されたからである。その後、欧州議会では2014年を基準として、食品ロス・廃棄物を2025年までに30%、2030年までに50%削減することを加盟国に要請した[2]。アメリカでも「2030 FLW reduction goal」を設定し、2010年を基準として2030年までに家庭・小売・外食・学校等の施設から発生する埋め立てられる食品ロス・廃棄物を半減することとなった[3]。このように、ここ数年の食品ロス削減の動きは、欧米を震源地とし日本を含むアジア各国がその後塵を排している構図にもみえる。

確かに、欧米の目標設定はシンプルでわかりやすく、しかも「半減」と具体的かつ非常にチャレンジングなものではある。しかし、日本でも2001年に施行された「食品循環資源の再生利用等の促進に関する法律（以下：食品リサイクル法）にもとづき、事業系食品廃棄物のリサイクル率は85.5%（2015年度、大豆ミール、ふすま等の有価物含む）と、食品リサイクル先進国といってもいい水準まで取り組みが進展している。また、2012年から業種別の発生抑制目標値、例えば「肉加工製造業：113kg／百万円」などと設定され、リデュース対策も動き出している。その上で、政策目標の設定や具体的な処方箋を推進する動きが盛んとなっているのが現状である。但し、フードバンクの位置付けについては、農林水産省の一部の取り組みを除き、諸外国ほど明確ではない。

本章では、このような背景のもと、わが国では曖昧なフードバンク関連の法制度や政策的な課題について、特に食品ロス問題との関係性を国際比較の上で明らかにすることを目的としている。しかし、フードバンクを日本の食品ロス対策の中で位置付けようとすると、そもそも欧米とは食品ロスの定義や削減対象が異なっていることに気がつく。筆者も参加した環境省「食品ロス削減に関する検討会」では、2018年度までに策定される「第四次循環型社会形成推進基本計画」を前提に、国際的な定義との相違を踏まえつつ食品ロス削減の数値目標のあり方を検討したばかりである。つまりここ数年は、日本が国際的な枠組みの中で食品ロス、ひいてはフードバンク活動とどのように向き合うべきかを考える絶好の機会でもある。

このような食品ロス政策の次段階的展開を迎えるにあたり、次節以降、世界の動向を踏まえながら日本の食品ロス対策を国際的に位置付けるところからフードバンクの議論をスタートしたい[4]。

1　世界の食品ロスの定義

食品ロス問題を「廃棄物問題」と考えた場合、その制度や対策は各国の地理的・文化的要因から大きな影響を受ける。例えば、最終処分場が足りない国では、リデュースかリサイクル、あるいは焼却処理やそれに伴う熱回収を含め、いずれかの最も効率が良い方法で廃棄物の体積を減らそうとするだろう。しかし、食料自給率が低い国や貧困問題が深刻な国では、食べられる「可食部」をできるだけ廃棄しない方法が望ましい。つまり「食品ロス」の定義は世界的に統一せずに、各国の異なった状況や課題に応じて定義せざるを得ない側面を有している。

図1-1は、日本と欧米主要国のオープンデータからまとめた可食部／不可食部の定義である。日本では「食品廃棄物（Food Waste）は可食部と不可食部を含む廃棄される食品の総称、食品ロス（Food Loss）は食品廃棄物のうちの食べられる部分（可食部のみ）」と定義されている。しかし、実はそのような定義は日本だけであり、諸外国では「Waste」には「(能動的に）人間が捨てる」というニュアンスがあるためか、むしろ可食部を示すことが多い。また、両者を分けずにFood Loss & Waste（以下：FLW）としているケースもあるが、これは、上記の理由で意図的（能動的）に食品を捨てるかどうかという「動機」を基準に区分しているため物理的には区分できないからであろう。そこで本稿では、可食部については「食品ロス」、それらを区分しない、または不可食部を指す場合には「FLW」と表記することにする。

図1-2は、各国の食品ロスやFLW削減の対象範囲であるが、すべての国において、加工を担う食品製造業、卸売、小売、外食、家庭までのサプライチェーンを対象範囲としている。しかし、その前段階の農産物の扱いについて、各国で相違がみられる。日本では、食品ロス政策の所管が農林水産省からスタートしている[5]ことから、農産物の過剰生産分については産地廃棄を前提として

図1−1　可食／不可食に着目した食品ロス・廃棄の対象範囲

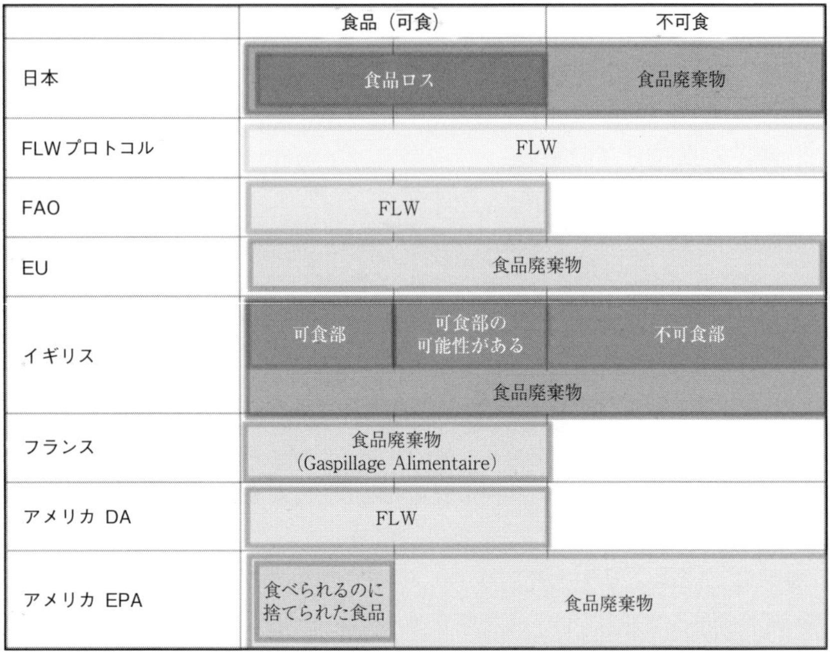

	食品（可食）	不可食
日本	食品ロス	食品廃棄物
FLWプロトコル	FLW	FLW
FAO	FLW	
EU	食品廃棄物	食品廃棄物
イギリス	可食部／可食部の可能性がある	不可食部
	食品廃棄物	食品廃棄物
フランス	食品廃棄物（Gaspillage Alimentaire）	
アメリカ DA	FLW	
アメリカ EPA	食べられるのに捨てられた食品／食品廃棄物	食品廃棄物

出所：FAO（2014）DEFINITIONAL FRAMEWORK OF FOOD LOSS Working paper、FUSIONS（2014）FUSIONS Definitional Framework for Food Waste、英WRAP（2014）Strategies to achieve economic and environmental gains by reducing food waste、仏MEDDE（2012）「食品廃棄物の削減：現状と方策（最終報告書）（RÉDUCTION DU GASPILLAGE ALIMENTAIREÉtat des lieux et pistesd'action）公益財団法人流通経済研究所訳、米EPA Sustainable Management of Food Basics、USDAウェブサイト

いる可能性がある。コメの減反政策のようなダイレクトな需給調整だけでなく、路地野菜などの産地廃棄による需給調整も農業政策的に重要であり、筆者もその点は同意する。もちろん、同省では6次産業化推進の一環で、産地廃棄を防ぐ「産地廃棄に代わる緊急需給調整の手法」を一般公募するなどの事業を行っているが、ビジネスベースでの立ち上がりを目的としているためか定着させるには販路開拓などの面で課題が多い。環境政策としても、いずれ廃棄されるなら、都市まで運んで捨てるよりも産地で捨てたほうが、輸送コストもかからず効率的である。さらに、安売りしたところで人間が消費できる量は一定であるため消費量自体は大きくは増えず、仮にすべて消費できたとしても食べ過ぎは健康にも悪い。このように、価格調整が難しい農産物・食料は「廃棄」と

図1−2　サプライチェーンに着目した食品ロス・廃棄の対象範囲

	収穫／畜殺できる状態に成熟した農作物／水産物／家畜等	収穫された農作物等	食品加工	卸売、小売	外食等	家庭
日本			食品ロス			
FLWプロトコル		FLW		半減目標の対象		
FAO	FLW					
EU	食品廃棄物＝削減目標の対象					
イギリス	食品廃棄物	削減目標の対象				
フランス	食品廃棄物＝削減目標の対象（Gaspillage Alimentaire）					
アメリカ DA		FLW				
アメリカ EPA		食品廃棄物				

出所：FUSIONS（2014）

いう「事後的な数量調整」が需給調整の手段として重視され、日本では農業部門での食品ロスは対象外となるのである。

一方、フランスなどでは、後述するフードバンクを通じた過剰食品等の福祉団体への贈与システムが普及し、他国よりも相対的に食品ロス問題と福祉政策

写真1−1　フランスの規格外品ブランド「できそこないの顔」

筆者撮影
注：農産物から大手小売店の加工品まで共通したブランドロゴが使用されている。

の距離が近い。そのためか、農業部門も対象となり、とにかく食品を受け取る「受益者」がいる限りは、たとえ産地であっても食品ロスを減らそうとする様子が窺える。

以上のように、食品ロス問題とは需給調整問題なのか環境問題なのか、または本書の主要テーマである福祉問題なのかによって、可食部の定義や削減の対象範囲まで各国各様に解釈され、その削減手法も多様化するのである。

2　世界の食品ロスの排出状況

下表は、流通経済研究所（2016）の集計データに筆者が再生利用率を加えたものである。前述したとおり各国の定義や対象範囲が異なるが、表1-1下部の［注］にあるように、可能な限り比較できるよう定義が統一されている。厳密

表1-1　世界各国のFLW・食品ロス発生量

<table>
<tr><th></th><th>単位</th><th>日本</th><th>アメリカ</th><th>イギリス</th><th>フランス</th><th>ドイツ</th><th>オランダ</th><th>韓国</th><th>中国</th></tr>
<tr><td rowspan="2">食品廃棄物発生量（FLW）
（農業生産段階・有価物を除く）</td><td rowspan="7">Mt</td><td rowspan="2">17</td><td rowspan="2">56.4</td><td rowspan="2">12</td><td>9.99</td><td rowspan="2">10.97</td><td>2.52</td><td rowspan="2">5.9</td><td rowspan="2">103</td></tr>
<tr><td>13.27</td><td>3.73</td></tr>
<tr><td rowspan="2">うち食品ロス</td><td rowspan="2">6.4</td><td rowspan="2">—</td><td rowspan="2">9</td><td>4.692</td><td rowspan="2">—</td><td>1.35</td><td rowspan="2">—</td><td rowspan="2">—</td></tr>
<tr><td>6.02</td><td>1.99</td></tr>
<tr><td>食品ロス率</td><td>37.6%</td><td>—</td><td>75.0%</td><td>46.1%</td><td>—</td><td>53.4%</td><td>—</td><td>—</td></tr>
<tr><td rowspan="2">再生利用量</td><td rowspan="2">5.5</td><td rowspan="2">20.4</td><td rowspan="2">2.5</td><td>3.7</td><td rowspan="2">4.49</td><td rowspan="2">—</td><td rowspan="2">5.5</td><td rowspan="2">9</td></tr>
<tr><td>4.94</td></tr>
<tr><td rowspan="2">人口1人当たり食品ロス発生量</td><td rowspan="2">kg</td><td rowspan="2">133.6</td><td rowspan="2">177.5</td><td rowspan="2">187</td><td>148.7</td><td rowspan="2">136</td><td>149.9</td><td rowspan="2">114</td><td rowspan="2">75.74</td></tr>
<tr><td>200.5</td><td>222.9</td></tr>
<tr><td>人口1人あたり食品ロス発生</td><td>kg</td><td>50.3</td><td>—</td><td>140.3</td><td>68.5</td><td>—</td><td>80.1</td><td>—</td><td>—</td></tr>
<tr><td>再生利用率</td><td>%</td><td>32%</td><td>36%</td><td>21%</td><td>37%</td><td>41%</td><td>—</td><td>93%</td><td>9%</td></tr>
</table>

出所：流通経済研究所（2016）を筆者修正

注：[1] オランダとフランスは推計誤差として最小値と最大値を記載してある。

[2] フランスの「食品ロス」数値は、「食品ロス」のみで「潜在的食品ロス」は含まない。ドイツの「食品ロス」数値は、「avoidable」「partly avoidable」の合算値。オランダも、「avoidable」「potentially avoidable」の合算値。

[3] イギリスの「再生利用量」の数値範囲は、「Recycling（AD/composting）」のみ。「飼料化」は「Redistribution（humans & animals）」に、「耕地への鋤き込み」は「Recovery（thermal, landspreading）」に含まれ、個別の数量が不明のため算出範囲に含まれていない。このため、実際の「再生利用量」はここに記載された数値よりも大きくなると考えられる。

[4] ドイツ、中国の「再生利用量」は、「飲食店・機関系（食堂等）」と「家庭」のみの数値であり、「食品製造業」「卸売業」「小売業」の数値は不明のため含まれていない。このため、実際の「再生利用量」は、ここに記載された数値よりも大きくなると考えられる。

[5] オランダの数値には、「卸売業」が含まれていない。また、「小売業」の数値はスーパーマーケットのみの推計値。スーパーマーケット以外の小売業が含まれておらず、その分だけ数値が小さく出ていると考えられる。

な国際比較をするにはさらなる調整が必要だが、次善の策としてここから1人あたり排出量をみると、日本のFLWや食品ロス量は、韓国や中国には及ばないものの、欧米の国々に比べると特に高い水準ではない。メディアでは日本が「世界でも有数の食品ロス発生国」と表現されることもあるが、それは筆者の現地調査[6]の実感を踏まえても正確ではない。逆に、日本は事業系のリサイクル率が高いと思われがちだが、大豆ミール等の有価物販売を除くと日本の事業系廃棄物のリサイクル率は50％程度になり[7]、さらに家庭系を含むと32％にまで落ち込んでしまう。正確なことはいえないが、食品リサイクル法があるにもかかわらず「日本は相対的にリデュースより、リサイクルのほうが進んでいる」とは言い切れないのである。

3　世界の食品ロス政策と対策

(1) アメリカ

アメリカ合衆国（以下、アメリカ）における食品ロス問題の所管は、環境保護省（Environment Protection Agency、以下、EPA）と米国農務省（United States Department of Agriculture、以下、USDA）である。EPAは一般廃棄物の観点から、USDAは食料供給の観点から同問題を取り扱っているため、先述したとおり、その対象や定義が微妙に異なる。

EPAとUSDAは共同で、2015年9月に“2030 FLW reduction goal”を発表し、「2010年を基準として、2030年までに、家庭・小売・外食・学校等の施設から発生し、埋め立てられる食品ロス・廃棄物を半減する」という目標値を設定した。この食品廃棄物の削減目標は、オバマ政権の次世代への環境保護に対するコミットメントの一部として掲げられている。これには、Feeding America（米国フードバンク連盟）やKellogg社の副社長らが賛同を表明している。

2013年には、USDAが主導しEPAと共同で「U.S. Food Waste Challenge」が推進され、企業・団体・機関が食品廃棄物の削減やリサイクルに関する取り組みを宣言（申請）している。2015年に400、2020年までに1,000の企業・機関の参画を目指していたが、2016年2月時には4,000弱が参加している。USDA単独では消費者啓蒙、自治体支援、調査研究などを実施している。

EPAは、2011年より「Food Recovery Challenge」を独自展開しているが、これは排出者（participant）または支援者（endorser）の両面から参加者を募集するユニークなものである。participantは、活動に参加することで現状と目標を登録し、毎年の進捗を報告する。一方のendorserは、政府や自治体などが中心となるが、処理施設事業者も入っている。このparticipantは、先述の「U.S. Food Waste Challenge」への参加者としてもカウントされる。EPAでは、参加者の優秀な取り組みについて表彰を行っており、小売、外食、学校などの部門別に審査される。

FLWの削減方法については、図1-3のとおり優先順位（Hierarchy）が設定されている。先述の2030 FLW reduction goalの削減方法にも、フードバンクへの提供（Feed Hungry People）が二番目に位置付けられている。なお第5章で詳細にみるように、アメリカは1960年代、世界初のフードバンク発祥の地であり、現在では全米で年間130万トン超の寄付食品を集める規模を誇っている。

図1-3　アメリカ：EPAのFood Recovery Hierarchy

EPA United States Environmental Protection Agency
Food Recovery Hierarchy
優先度が高い活動
資源廃棄量の削減
余剰食料の発生抑制
飢えている人の食料摂取
余剰食料のフードバンクや炊き出し、避難所への寄付
家畜のための飼料化
食品屑の飼料化
産業における活用
廃油の再精製や燃料化、
食品屑の再生エネルギー化
堆肥化
肥沃な土壌改良材の製造
埋め立て／焼却
処分の最終
手段
優先度が低い活動

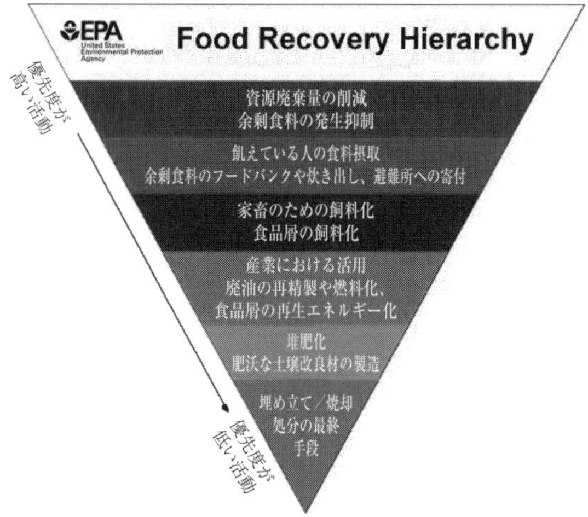

出所：EPA（https://www.epa.gov/sustainable-management-food/food-recovery-challenge-frc）

BSR・FWRA（2013）によると、リサイクル率はそれぞれ食品製造業93％、食品流通業37.7％と日本とあまり変わらない水準である。しかし、フードバン

クへの寄付率は、それぞれ1.6％、17.9％と特に流通業で高い水準となっている。これは、強い寄付文化[8]に加え、寄付食品による事故の免責事項を定めた「善きサマリア人の寄付法（1996年）」、連符政府への食料供給などを定めたThe U.S. Federal Food Donation Act of 2008、さらに食品寄付による税控除（課税収入の15％が上限）などが背景にある。

(2) 欧州

欧州連合（European Union、以下：EU）では、政策執行機関である欧州委員会（European Commission、以下：EC）の総局が食品廃棄物に関わる政策を管轄している。そこでは、2014年比で2025年までにFLWを30％削減、2030年までに同50％削減という目標を掲げている。

2008年に施行されたEUの廃棄物規制では、日本の3Rに近い「Prevention（発生防止）、再利用の準備、リサイクル」という優先順位が定められている。しかし、EUにおける食品ロスに関する特に重要な規制は、焼却処理が一般的な日本では馴染みの薄い埋め立て規制「Landfill Directive 1999/31/EC」である。これは生物分解可能な一般廃棄物（biodegradable municipal waste: BMW）の総量（発生量）のうち、埋め立て可能割合を段階的に引き下げ、2016年には1995年をベースラインとして35％以下にしなければならないというものである。

(3) フランス

フランスでは、2010年に「グルネル法第Ⅱ法」（Grenelle II、ENE no. 2010―288）という環境規制に関する法律を制定し、大量発生者（小売、外食、製造など）への分別義務のほか、保管・焼却施設の容量制限、2015年までにリサイクル率45％という目標値を定めた。しかし、先述の表1-1からもわかるとおり、現状では目標未達であり、特にパリ（12.46％）などの都市部の結果が低い傾向がある。2017年2月に行ったADEMEへのOnsite Interviewによれば、2016年の目標達成は確実とはいえない状況であった。なお、食品廃棄物を焼却・埋め立てに回す量が少ないほど経済負担が少なくなる「汚染活動に対する一般税」（TGAP：General Tax on Polluting Activities）に加え、「埋め立て場の稼働」と、「廃棄物の量と埋め立て場の環境影響度」により税額が決定する「埋め立て課税」が設定されている。

事業系FLWについては、フランスでは2013年にPACTE協定が締結されたことが大きい。事業者、フードバンク、自治体等が2013年比で2025年に半減する目標を掲げ、それぞれが活動に取り組むものである。これは任意協定で罰則規定はないが、冒頭で述べたフードバンクを活用する「食品廃棄禁止法」制定の契機となった。フランスのフードバンクや食品廃棄禁止法の詳細については第4章に譲るが、同法のFLW削減の優先順位は、図1-4のとおりである。第二位のHuman Consumptionの中にDonation（寄付）が含まれている。

図1-4　フランス：食品廃棄禁止法におけるAction ranking

出所：ADEME内部資料

フランスのフードバンクはアメリカをモデルに1984年に作られたといわれるが、1986年にEUの共通農業政策（CAP）による市場介入（買い取り）農産物をフードバンクに無償提供して以来、独自の発展を遂げている。2014年からCAP予算は貧困援助基金（FEAD）に変更されたが、依然として公的支援の色合いが強い取り組みであり、現在では20万トン／年を扱うフードバンク大国となった。その過程では、もともと寄付文化がアメリカほど強くないためにCollecte Nationaleという寄付文化醸成のための取り組みが積極的に進められている。Collecte Nationaleは、毎年11月の最終土・日曜日に全国9,000店舗のスーパーなどで、延べ13万人のボランティアを動員して行われる寄付イベントである。買い物客に対して寄付してほしいもののリストを渡し、レジで購入後にそれを寄付するため、食品ロス対策ではないが、それだけでは食品の偏りがでるため、フードバンクの「品揃え」を充実することに一役買っている。フランスを代表するフードバンクであるバンク・アリマンテールでは、この取り組みを通じて毎回1.2万トンの寄付食品を収集している。

このようなフードバンク活動の基礎固めを経て、2016年の食品廃棄禁止法の制定に至ったのだが、写真1-1に示した「できそこないの顔」ブランドをプロデュースする会社では、食品寄付による税控除15～40%の一部を収入源とするマッチング・ビジネスをスタートし、食品ドナーの裾野が広がっている。同社によると、「スーパーが単独で廃棄物処理をすると、発生量の30%しか有効活用できないが、慈善団体への効率的な寄附と回収代行、飼料化などへのリサイクルを請け負うことで、その80%を有効活用できる」とし、さらに「スタートアップの時間短縮にも繋がる」という。同社は2017年2月時点で6,000トン／年の食品ロスをリユースしているという。

同法は、確かにセンセーショナルで象徴的な法律ではあったが、フードビジネスの裾野を広げることにも一役買っている点を見過ごしてはならない。

(4) イギリス

イギリスでは、EUに先行して1996年より埋め立て税を導入しており、税額を当初10£／トン未満であったものから、2017年2月現在では£82.6（約1万2,000円）へ引き上げ、焼却処理コストより高い水準に達した。政府系第三者機関のWRAP（The Waste and Resources Action Programme）[9]では、一般向けの啓蒙活動を積極的に進めているが、FLW削減に興味がある層にはスキルを伝え、無関心層にはキャンペーンを行うことで家庭系FLWを年間100万トン削減したという。実際に、Courtauld Commitment Recycleというキャンペーンによりリサイクル率は2010年に40%を超えたが、廃棄物の輸送コストの上昇が問題となった。特に2007年の調査でFLWの廃棄にともなう輸送とリサイクルが問題となり、Love Food Hate Wasteというキャンペーンがスタートした。そして現在ではリサイクルではなく発生抑制（Reduce）にフォーカスしている。イギリスでは環境問題からFLW問題を取り上げるようになったが、図1-5のとおり、他国と同様フードバンクは上から2番目の優先順位となっている（Redistribution to people：人への再流通と表記）。

イギリスでは、家庭系のFLW発生抑制にも積極的に取り組んでいる。「国内のFLWの50%は家庭から発生している」とし、詳細な調査より「平均的な

図1−5 イギリスにおける食品資源のヒエラルキー

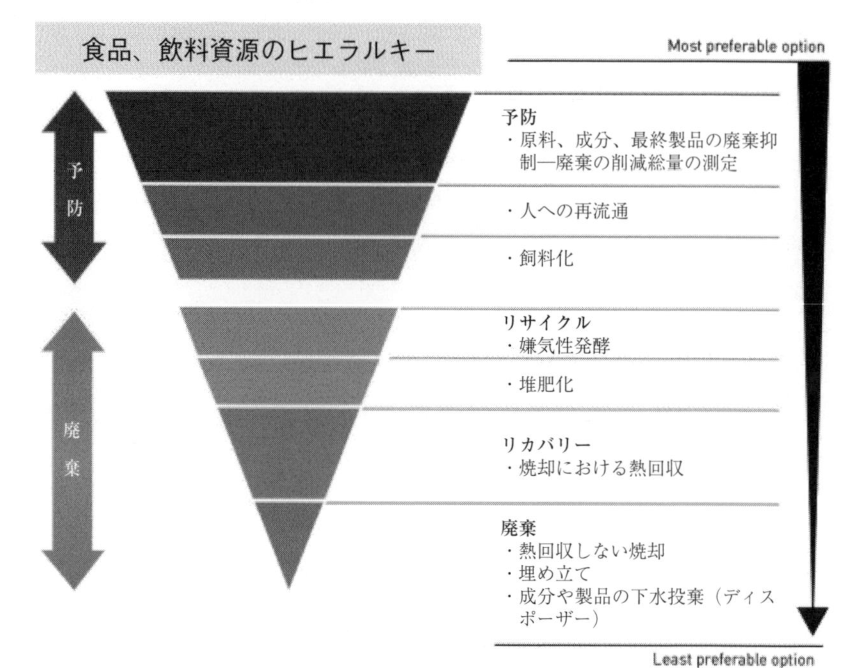

出所：WRAP（2017）'Estimates of Food Surplus and Waste Arisings in the UK'

家庭で発生したFLWのコストが470£、子どものいる家族では、700£（10万円）」「FLWを年間100万トン削減すると、400万トンのGHG（温室効果ガス）削減に相当する」と具体的な数値を示しながら啓蒙している。生産から小売までサプライチェーン全体でのFLW削減については、2012年にフードバンクへの寄付を含む総合的な検討WGを設置し、小売店等からの寄付促進を戦略的ターゲットとした。冒頭に述べた英国内のキャンペイナー[10]の抗議運動が発端となり、2010年2月に食料供給規範法（Grocery Supply Code of practice：GSCOP）が施行された。GSCOPでは事前告知のない契約変更の禁止、減耗・廃棄に対する費用補填の制限、小売業の予測誤差によるサプライヤー損失の補償、特売価格での過剰発注の禁止などが定められた。違反するとその発注額の1%の罰金が科せられる。対象は売上10億ポンド以上の指定小売業に限定され、現在は Asda、Co-op、Marks & Spencer、Morrison Supermarkets、Sainsbury's、TESCO、Waitrose、Aldi、Iceland、Lidlで、条件が変更されれば随時認定される。

このような背景のもと、イギリス最大の小売業であるTESCOは、2013年より他社に先駆け、イギリス国内店舗のカテゴリ別食品ロス発生量（図1-6）とその処理方法を公開している。2015／2016年度の食品ロス発生量は4万2,680トンで、全売上の0.4％であった。1万6,605トンは飼料化されているが、これをイギリスではReduce（発生抑制）に含むため、これは食品ロスではない。しかし、エネルギー回収される1万6,391トンについては食品ロスとして計上される。2017年には、フードバンクを活用して「国内の自社から発生する食品ロスをゼロにする」という目標値を設定し、すでに2016年度の時点で5,700トンの食品が寄付されている。さらに、2030年には農家やメーカーを含む「世界のサプライチェーン全体」でFLW半減という大きな目標を掲げ、アイルランドやポーランド、ハンガリーを含む中央ヨーロッパ、そしてマレーシアでもFLW削減の活動を推進している。

図1-6　TESCOのイギリス国内店舗におけるカテゴリ別食品ロス発生割合

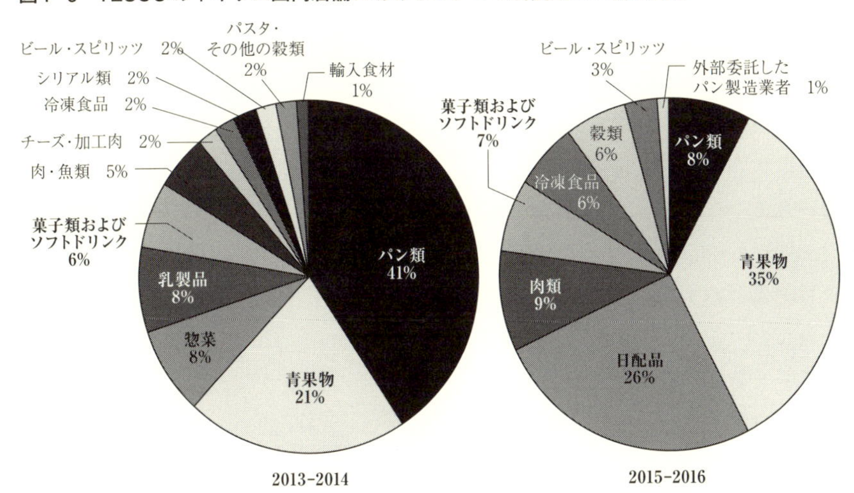

出所：TESCOホームページ（https://www.tescoplc.com/little-helps-plan/products-food-waste/）

TESCOのイギリス国内での食品寄付量は、2013／14年には268トンであったが、2016／17年には5,700トンへ急増した。基本的にアメリカやフランスのような食品寄付による税控除はないが、慈善組織へのVAT軽減・非課税措置がある。食品はもともとVAT非課税であることが多いが、菓子類やソフトドリンク、アイスクリームなど課税対象の食品は、寄付時に非課税となり、さらにTESCOが寄付したことによる宣伝・広告費用なども非課税となる。また、2015年2月にはSocial Action, Responsibility and Heroism Act 2015により、善意の第三者による行動が好ましくない結果を引き起こした場合でも免責されるようになった。

WRAPでは、イギリス国内で発生するFLWは毎年390万トン、そのうち27万トン以上は再流通させれば人が食べられると試算している。イギリス最大のフードバンクであるFare Shareは、2016年に、その4%にあたる1.2万トンを扱い589の団体に届けた実績を持つ。TESCOの食品寄付もすべて受け入れている。現在の目標は27万トンの25%（6.75万トン）をレスキューすることであり、すでに取り扱い量の拡大を進めている。

Fare Shareは、これまで店頭在庫ではなく物流センターの過剰在庫のみを引き受け寄付してきた。しかし2016年から始まったFareShareFoodCloudというFare ShareとTESCOとの新しい共同事業により、店頭で発生する食品ロスをレスキューできるようになった。FareShareFoodCloudは、TESCOの店舗で発生した可食FLWをCharity（福祉団体）が午後8時30分から9時30分の間に店頭へ取りに行くシステムである。店舗の社員が夕刻に提供できる食品ロスをシステム入力し、それを見たCharityが欲しい食品を予約して取りに行く。2016年に2,000トンを取り扱い、2017年2月現在、システム登録しているCharityは3,300団体である。FareShareは、扱い量をベースにTESCOから手数料を受け取り運営費に充てる。なお。Marks & Spenserも独自のアプリを開発している。

イギリスでは、寄付文化は強いものの、フードバンク活動はあまり活発でなかったこともあり、TESCOは、FareShareとTrussellTrustという2つのフードバンクと協力しNeighborhood Food Collectionという食品寄付イベントを実施している。TESCOの国内600店舗で、消費者に寄付する商品を買ってもら

図1-7　FareShareFoodCloudの概要

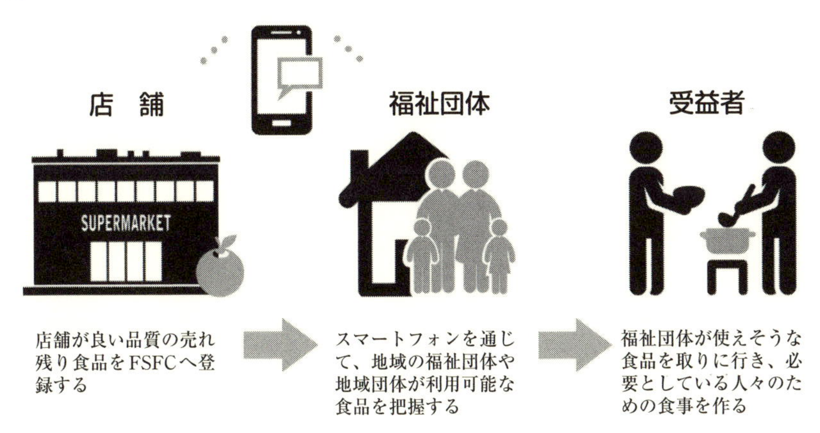

出所：Fare Share内部資料

い、店舗内の所定のBOXに入れてもらうというフランスのCollecte Nationaleと似たようなスキームとなっているが、TESCOが寄付された、つまり売り上げた商品の販売価格の20％をフードバンクに現金でも寄附する点が特徴である。

その他にも、TESCOが複数運営する流通センターで発生した売れ残りなどは、消防団員など職業別会員に格安で販売するCompany Shop（国内に5店舗）に再流通したり、貧困者向けの小規模なCommunity Shop（国内に4店舗）で格安で販売されている。これらの店舗を運営する業者は、販売金額の一部をFare Shareに寄附金として提供しており、2016年には73.2万ポンドが寄付された。

イギリスのフードバンクの食品取扱量は、量的には日本の2～3倍程度にしか過ぎないが、寄附金を含む様々な推進策を背景に取扱量は順調に伸びており、他の後発フードバンクではみられない斬新な仕組みが構築されつつある。

(5) 韓国

人口密度の高い東アジア諸国は、埋め立ての禁止どころか、その場所の確保すら難しい。日本では「焼却」という世界でもめずらしい手法で廃棄容量を減

量しているが、隣国の韓国では、首都圏に人口の半分が密集するほどに人口密度が高く[11]、住民の強い反対のために焼却処理も難しい。そのため、従来は埋め立てに加えて海洋投棄が実施されていたが、地下水汚染や国際条約などによりそれらの手法が問題視され、特に環境問題の一つとして食品ロス削減の取り組みが進展した。1992年に「資源の節約と再活用促進に関する法律」を制定し、日本より10年弱ほど先行して循環型社会の構築が進む結果となった。食品ロス問題の一例として、ソウル五輪前後から外食産業が急増し、写真1-2にある韓国のおかず（パンチャン：반찬）文化を背景に、食べ残しの埋め立て急増による地下水汚染が社会問題となったケースがある。その後の1995年には政府の環境部を中心に「食品廃棄物協議体」が設置され、行政の横断的取り組みが強化された。外食の食べ残し対策として、パンチャンの提供皿数を定めた「良いメニュー制」を導入し、2000年にも食文化改善策として同制度の広報を強化した。但し、これは定着しなかった。現在では国が「模範飲食店制度」を策定し、パンチャンからビュッフェ形式への変更が促されている。認定されれば、借り入れ金利の優遇措置が得られる。

また、家庭系と小規模飲食店のFLW廃棄処理では従量課金制の導入が促進され、全自治体の63.4％に普及している（2014年9月現在）。課金には有料の支払証明シールを専用バケツに貼る方法（写真1-2）のほか、集合住宅ではRFIDを使用したクレジット決済が用いられることもある。ソウル市では2011年の導入後、約6年でFLWが50％減少したという。市民は、支払い抑制のため分別を徹底することから生ごみの「品質」が良くなり、家庭系FLWをペットフ

写真1-2　韓国：パンチャンと生ゴミ回収バケツに貼る支払証明シール

筆者撮影

ードにリサイクルしている。このように、韓国では経済インセンティブの強い制度を取り入れ、世界最高レベルのリサイクル大国となった。但し、2013年には海洋投棄が全面禁止となり、ペットフードリサイクルも動物愛護の観点で批判が多いことから、2021年にソウル市内で生ごみ廃液処理施設を完成予定となっている。

先述したとおり、韓国のフードバンクは1998年にアメリカやフランスなどを参考にしながら、行政主体の環境対策モデル事業を端緒に取り組みが始まった。議論がスタートしたのは1995年頃であるが、章（2010）によれば、政府の環境部が「最終消費段階における生ごみ排出を抑制するため、まだ新鮮で食べられる売れ残り食品を回収し経済的・社会的弱者に再配分するための政策手段の一つとしてフードバンクが取りあげられた」。そして1997年の「ごみ総合対策事業」において「残った飲食再利用運動」の一つにフードバンクを有効活用することが提言され、1998年の「生ごみ減量・資源化基本計画」において、「自治団体・社会団体が自治的に行うフードバンク推進体系を拡大構築」するため「運送費・人件費・施設購入費を財政的に支援する」とともに、「関連制度の整備および税制減免等を講じる」ことが決定した。

しかし、1997年のアジア通貨危機における韓国通貨（Won）の大暴落により、失業者率が1996年の2.0％から1998年に6.8％へ増加し、同期間の「最低生計費」以下の貧困者数も760万人から920万人へ増加した。そこで健康福祉部は、緊急対策として、1998年以降に環境部と協同でフードバンク活動を推進し、環境対策に加え、貧困対策・社会福祉制度としても明確に位置付けられることとなった。2000年5月には健康福祉部が社会福祉協議会を全国フードバンクに指定（事業委託）し、2014年現在、全国434の拠点とネットワークを整備した。詳細は第6章を参照していただきたいが、図1-8のとおり食品寄付も順調に増加している。一部のキリスト教文化だけでなく、高齢者を思いやる儒教文化を背景に、税制優遇、食品事故の免責事項、物流センターの整備など、様々な国家主導のフードバンク推進策が数多く実施された結果である。現在では、食品ロス対策から福祉政策へ切り替わっており、ある財閥系企業ではフードバンクへの寄付食品のうち、20％がフードバンクのニーズに合わせて製造した食品ロスではない正規の商品となっている。

図1-8　韓国フードバンクの食品寄付量の推移（生産コストベース）

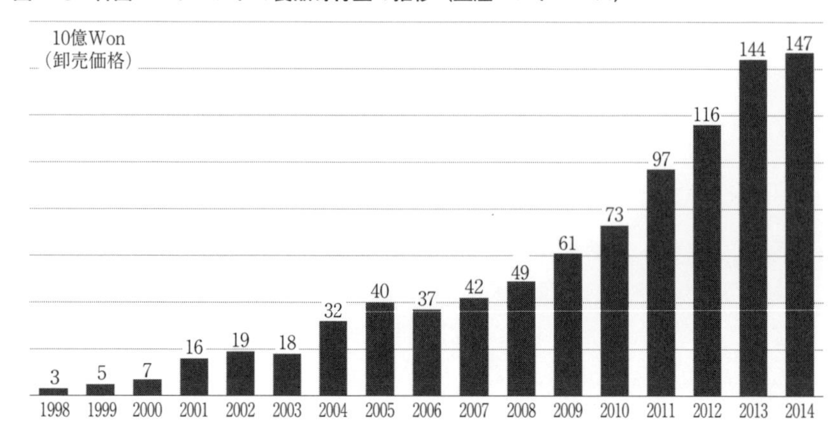

出所：Kobayashi, et al.（2018）

(6) 香港

韓国同様に、香港でも焼却処理や処分場の確保が難しく、2018年には満杯となる市内の埋立地の代替策を模索している。2008年より20トン／日を処理するKowloon Bay Pilot Composting Plant（堆肥化施設）を稼働させ、コンポストは香港内と深圳の有機農家へ提供している。また、2013年5月18日からは「フードワイズ（惜食）香港キャンペーン」を開始し、FLW10%削減を目標に、家庭レベルの啓蒙活動と産業レベルの行動変化を促している。図1-9のとおり、欧米を踏襲したFLW削減のHierarchyが設定され、フードバンクをはじめ包括的な活動が進んでいる。なかでも図1-9右上の「Big Waster」というキャラクターを用いた広告や動画を使った広報活動が特徴的である。フードバンク活動支援については、食品だけでなく金融機関からの寄付金を集める「社会先進企業ファンド」というスキームがあり、年間50億香港ドルを拠出している。

2014年2月に香港特別行政区政府の環境保護署が発表した「2014-2022年の香港の食糧廃棄物および庭廃棄物計画」によると、2022年に食糧廃棄物を40%削減する目標値が設定された。これはリサイクルや嫌気性発酵によるバイオ

図1-9　香港：環境保護署が策定する「Food waste management hierarchy」

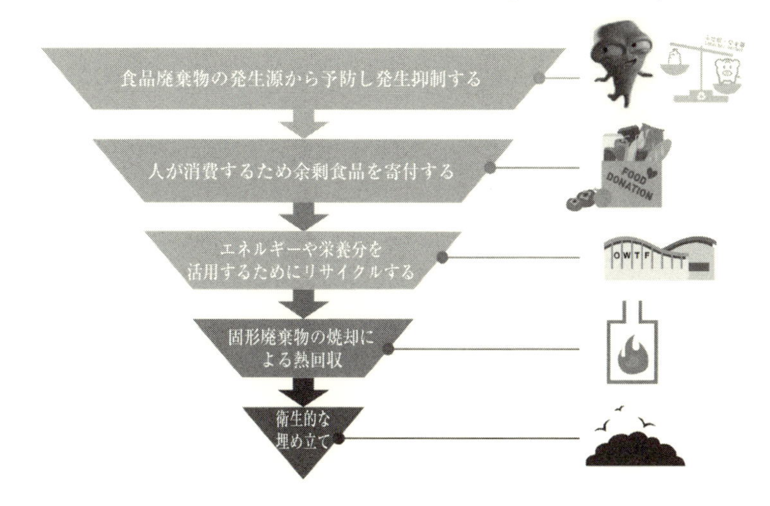

出所：環境保護署（http://www.epd.gov.hk/epd/english/environmentinhk/waste/prob_solutions/food_waste_challenge.html）

ガス発電も含む目標値である。2018年には、200トン／日処理が可能な堆肥化とバイオガスプラントを併設したOrganic Resources Recovery CentreのPhase 1が稼働する。その後、300トン／日レベルのPhase 2稼働、Phase 3のフィージビリティ・スタディ（F/S）が計画されており、さらに50トン／日の処理量を持つ下水処理場をベースにした施設も2019年に稼働する。なお、生ごみは毎日無料回収されるなど、経済的インセンティブはあまり強くない制度となっている。

香港は、多くのフードバンクがリーマン・ショック後（2008 Financial Crisis）に活動を開始し、まだ相対的に食品寄付量は少ないが、強い寄付文化を背景に多様なフードバンクが成長している。2015年現在、人口700万人強の香港で8つのフードバンク団体が活動しているが、その活動開始が最も早いFood Link Foundationでも2001年であり、米仏韓に比べて歴史が浅い。しかしその発展経緯には、政府の援助などはほとんどなく、あくまでインフォーマルケアとして発展してきたために、小規模かつ活動の多様性がみられるようになった。小林ら（2016）によると、アメリカに近いスタイルである加工品を在庫する従来型に加え、食堂を運営するコミュニティ型、ホテルのブッフェ料理を急速冷蔵で提供するコールドチェーン型、行政の支援を受けながらフードバンクを行う行政支援型があり、発展初期段階から広い多様性をみせている。食材も加工食品から野菜まで多様な食品寄付が確保されることを示唆している。

香港の総合社会保障援助（CSSA）受給者30万人に対し、1つのフードバンクが提供できるのは数千食程度であり、量的にはまだ圧倒的に足りない状態である。今後の香港フードバンクの展望としては、まず環境行政が2013年よりフードバンク支援をはじめたことがあげられる。香港では事業系の食品廃棄物は年間38万トン排出しており、その10%である3～4万トンの一部が寄付により有効活用される可能性がある。さらに、ソーシャルビジネスとして発展する可能性もある。現在、香港では2012年に発足した特別区扶貧委員会（Commission on Poverty；以下CoP）が、政府の貧困解消プログラムの運営、監視を実施しており、企業に対しても、政府やNGOの貧困解消努力に貢献するように求めている。また、委員会の4つのタスクフォースのうち、社会先進起業ファンドタスクフォース（Social Innovation and Entrepreneurship Development Fund Task Force）では、ソーシャルビジネスの創出のため50億HK$を拠出し、2013年末時点で457（前年比で13%増）のソーシャルビジネス（Social Enterprise Project）が育成されている。同タスクフォースは、フードバンクによる食料支援について、「①情報の欠如、②需給アンマッチ、③高いランニングコストに直面している」として懸念を表明し、香港全体での効率化と効果の強化を推進するフラグシップ・プロジェクトを引き受けることを表明している。

(7) 台湾

台湾では、食料生産、余剰食品の受給者、食品廃棄の処理過程において、それぞれ農業委員会、衛生福利部食品薬物管理署、環境保護署など部局の壁を超えた包括的な政策が実行されている。FLW対策では、台北市などでは家庭系生ごみが週5日、無料で回収されている。但し、市民は生ごみをさらに可食部が多い飼料用と不可食部が多い堆肥用に分別し、ルート回収しているパッカー車まで持っていく必要がある。筆者らのヒアリングによれば、パッカー車の回収時間が固定されており、仕事の都合などで有料の家庭ごみとしてFLWを排出するケースも多いという。行政では、FLW以外の家庭ごみは有料であるため生ごみの分別が進むと考えているようだが、実質的にはFLWの一部が有料化している側面もある。

台湾でフードバンク活動が最も盛んな都市は台中市である。同市では、2009～2010年に福祉団体などがフードバンク活動をスタートし、2011年には市政府社会局が管轄するフードバンク行政センターが設立された。2012～2014年には台湾初のフードバンク専門の団体が設立された。そして「物資の浪費対策とフードバンクの健全な発展、そして社会保障ネットワークのさらなる充実を図る」ため、2016年に「台中市フードバンク自治条例（台中市食物銀行自治条例）」が公布され、その普及が推進されている。条例は全18項目の条項から構成されており、主にフードバンクの事業推進のために、同条例の主管機関となる社会局などの役割について定めている。ここで注目したいのは、従来の社会救助法では現金給付を原則としていたが、台中市フードバンク自治条例は第3条において、現金給付ではなく生活困窮者や被災民に対して食品やその他の物資を提供することを謳っている点である。そして、第4条において、そのための形態として非営利のフードバンクが必要であるとして、社会局が自ら設立させるか、公益社団法人あるいは財団法人に委託する、または民間団体が自発的に設立することを想定している。現在、台湾としてはフードバンクに関する法律がなく、台湾域内で、失業や収入低下、食糧危機、社会福祉の限界がある中、フードバンクを規定するフードバンク法（食物銀行法）の制定が検討されている。

台湾の条例や法整備の動きに歩調を合わせるように、フランス資本のカルフールは、台湾全土にわたる100店舗から食品を寄付するシステムを構築している。また、台湾の赤十字では台中支社が中心となり、2016年に台湾フードバンク連合会（Alliance of Taiwan Foodbanks：ATF）が設立された。同支社の事務総長は、ATFのトップ（秘書長）に加え台中市政府の市政顧問も務めている。台中支社自身も「紅十字会台中市支会緑川食物銀行」というフードバンクを運営しているほか、図 1-10のようにDonorである後述のカルフールの各店舗周辺に位置する60のフードバンクとATFを通じて連携している。カルフール台湾へのヒアリングでは、台湾全体のフードバンクの90％がATFに加入し

図 1-10　カルフールの店舗（100店舗）と台湾フードバンク連合会（60メンバー）の立地

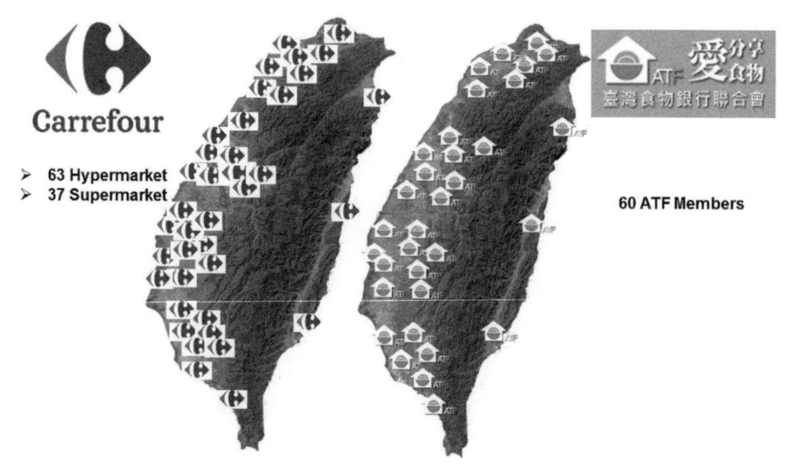

出所：2017 APEC Expert Consultation on Food Losses and Waste Reduction

ているという。台湾域内のキリスト教系の「1919フードバンク」のほか、台中市衡山食物銀行、南機場臻吉祥食物銀行などのコミュニティに根ざしたフードバンクも加盟している。ATFの業務は主に、①台湾域内の資源管理システムとそのネットワークの構築、②政策的提言および立法の推進、食品ロスや飢餓、貧困に関する研究、③国内外の交流、④政府と民間団体の資源の整合と合作プラットフォームの構築、⑤支援物資の統一管理と支援プラットフォームの構築などである。

ATFが推進しているのは、卸売業的な大規模フードバンクを作るのではなく、コミュニティに根ざしたフードバンクを各地に設置し、食品加工企業や卸売業、小売店、家庭、学校、行政院農業委員会から余剰食料を調達することである。場合によってはフードバンク間で在庫を生活困窮家庭へ融通する、水平的なネットワーク活動も実施する。そこではカルフールのDonorとしての役割は重要であり、図1-10のとおりカルフールの店舗の立地とATFメンバーの立地はほぼ一致する。その運営委主体は、協会、宗教団体、ケアセンター、そして政府の協働など様々である。フードバンクの立地については、即時対応を可能にするという観点から、対象家庭の近隣に設置している。

(8) APEC

APEC加盟国は、2013年以降、サプライチェーン全体の収穫後の食品ロスを削減するために、官民一体の協力を促進する5年間のプロジェクトを進めている。2010年の新潟会合において、サプライチェーン全体でFLWの削減についてAPECが協力していくことが決定し、2011年には食料安全保障政策パートナーシップ（PPFS）を設置、2011／2012年をベースラインとして2020年までに10%の削減を長期目標とした。技術革新やベストプラクティスの共有などにより、官民一体の活動により削減を進めるため、2017年6月に台湾大学で「食料ロスと食料廃棄の削減に向けた専門家諮問会議（APEC Expert Consultation on Food Losses and Waste Reduction）」が開催された。そこでは、世界各国の報告がなされたが、フードバンクに関しては、台湾の研究者から、税制面のインセンティブ、寄付ルールの標準化、マッチングソフトの開発などにより、41億ドルのコストで169億ドルの便益が生まれると報告された。チリの報告ではRed de alimentosというフードバンク組織が2010年より活動をスタートし、国内の200の福祉団体と協力し、年間1.8万トンの食料を取り扱っている実態が報告された。インドネシアからは、2015年からFoodbank of Indonesia（FOI）が活動開始し、2か月以上期限が残っている食品を取り扱っているが、モスクからの支援を受けたり、山羊の寄付を募るなど、イスラム教を背景とした特徴ある取り組みを進めているとの報告があった。

プロジェクトは2017年で終了予定だが、今後も課題が山積している。2020年までに10%削減という目標達成が難しく、SDGsの「2030年までに半減」という長期目標にも反対する声が上がるなど、目標設定のあり方が課題となった。また、途上国を中心に公式のFLWに関する統計データがない国も多く、計画策定が難しいことも大きな課題となっている。食品ロス削減の計画等が存在するかというアンケートに対しては、「農場段階ではある」が25地域、「サプライチェーンとして存在する」が11地域、「両方ある」が9地域と、流通部門よりも農業生産部門での調査が先行している。フードバンクについては、寄付食品による事故の免責について法整備することに加え、事故にあった被害者側の救済も重要だとの議論もあった。

4　日本の食品リサイクル法とフードバンク

ここまでみたように、世界中で様々な食品ロス対策が講じられるなかで、フードバンクは優先順位が高い重要な削減手法の一つとして認識されていることは明らかである。しかし、環境問題の解決策としては、その廃棄物削減効果は決して十分なものではなく、リサイクルや焼却処理など複数ある選択肢の一つにしか過ぎないことも示唆された。そのため、各国では福祉政策などの多面的な機能を組み合わせ、各国の文化や地理的要因から多様性を帯びながらフードバンクが発展していることが理解できる。

2015年における日本の食品ロス発生量は、事業系が357万トン、家庭系が289万トン、合計646万トンである。フードバンクに関しては農林水産省を中心に調査事業や補助事業、ガイドライン制定、フードバンク活用推進情報交換会など、主に食品リサイクル法の対象となる事業者向けの施策が先行してきた。このような日本の取り組みは、SDGsにある「半減」というような派手さはないものの「もったいない文化」を背景に、ボトムアップでの取り組みとして評価できる[12]。一方で、トップダウンの目標値設定や法整備には、国際的にみるとやや出遅れ感が否めない。特に、食品リサイクル法は家庭系食品ロスを対象外としており、買い過ぎの防止、自宅で過剰となる食品の寄付（フードドライブ）、そして寄付目的で食品を購入したり寄付金を募る広報活動など、一般市民を巻き込む施策は今後大きな課題となる。そこでは、農林水産省や環境省に加え、消費者庁や厚生労働省なども巻き込みながら「製配販＋消」というサプライチェーンの構造改革に繋がる独自の政策スキームの立案が必要となるかもしれない。日本のフードサプライチェーンは、良くも悪くも諸外国とは一線を画す方向で完成の域に達しているからである。また、2012年から毎年「食品ロス削減関係省庁等連絡会議」が開催されているが、その進展に期待するとともに、韓国のように（推進するかどうかは別として）福祉政策を担う厚生労働省のフードバンクへの積極的な関与が望まれる。すでに愛知県では、2017年度補正予算により福祉政策としてフードバンクを活用した子ども食堂への食材提供の仕組みづくりに乗り出している[13]。

先行していた事業系食品リサイクルも、2016年1月に発覚した「ビーフカツ横流し事件」により、新たな課題が浮き彫りとなった。メディア側では、一時は「ちゃんと捨てろ」と言わんばかりに悪徳業者の吊し上げに終始したが、「そもそも食品を捨てようとする行為自体には問題はないのか」という解説が増えた。その点については、これまでの食品スキャンダルとは異なる様相を呈したという点で評価したい。一方、あまり報道されないが、日本酒「獺祭」への異物混入が発覚した旭酒造では9,300本を自主回収し、その後1本だけ偶発的に混入したことがわかり、その1本を除き残りすべてを半額で販売した。その売上金額は180万円を超え、国内最大のフードバンクであるセカンドハーベスト・ジャパンに全額寄付された[14]。安全確認を最優先することは当然だが、食品ロスの発生抑制のための「訳あり商品」の再販売とその売上金のフードバンクへの寄付は高く評価されるべきである。

日本のカロリーベースの食料自給率は、40%前後と韓国（同50%）を下回るほど、先進国中で最低水準にあり、海外の食料生産に頼らざるを得ない国である。イギリスTESCOは世界のサプライチェーン全体でFLW削減を推進しているが、日本でも海外の輸入元も含めて食品ロス発生量を半減するような目標設定に合意できれば、食品輸入大国としての責務の一端を果たすことができるかもしれない。フードバンク支援についても、アジアを中心に世界のフードサプライチェーンにおける食品ロス削減と、豊かな食文化への協力というフレームワークが構築されれば日本発のフードバンクもスケールの大きな取り組みに発展する可能性があるだろう。

＊本章は、小林富雄（2018）「食品ロスをめぐる世界各国の動向、および日本への示唆」『都市問題』2018年2月号に大幅な加筆修正を加えたものである。

注

1　2016年3月にはイタリアでも同様の法律が成立している。
2　イギリスでは、飼料利用も「削減」に含まれる。
3　アメリカでは、リサイクルも「削減」手法として記載されている。
4　日本ではリデュース、リユース、リサイクルの優先順位で廃棄物対策を進めるという「3R」という考え方が広く浸透している。本章ではフードバンク活動を食品の「リユース」と位置づけて議論をすすめるが、諸外国では食品ロスになる前にフードバンクで活用する場合、フードレスキュー（Food Rescue）や再流通（Redistribution）等の表現を用いることが多い。

5 現在は、「食品ロス削減関係省庁等連絡会議」において各省庁の横断的施策が模索されている。

6 筆者は、食べ残しの持ち帰りを推進する「ドギーバッグ普及委員会」に参加し、その活動を通じ特に外食店舗のオペレーションなどを現地取材する機会がある。小林（2018）第7章「外食産業における食品ロスマネジメントの分析」などを参照。

7 流通経済研究所（2016）p.9によると、アメリカの統計にはFLWに「有価物は含まれないと解釈できる」とある。

8 Charities Aid Foundation（2015）によると、アメリカは世界第二位の寄付大国である。同レポートは、世界145か国を調査し、Helping a stranger score（見知らぬ人を助ける）、Donating money score（金銭の寄付をする）、Volunteering time score（ボランティア労働をする）を合計して総合ランキングを決定している。

9 WRAPは、1999年のEUの埋め立て処理の指針を受け、翌2000年にイギリス政府が持続的な廃棄物処理のマネジメントを推進するために設立された。2000年から2010までは主にプラスティック、紙類、金属類のリサイクルに重点を置くとともに、有機廃棄物の堆肥化とAD（嫌気性発酵）による対策を進めてきた。

10 キャンペイナーについては山本ら（2017）を参照。

11 2015年時の韓国の人口密度は504.2人／km^{2}である。日本の336.1／km^2（同年）と比較しても高水準である。小林富雄（2018）第9章を参照。

12 2017年10月、イオン株式会社が、SDGsの目標より5年早い2025年までに食品廃棄物を「半減」するという計画を発表し、フードバンクへの寄付についても言及している。

13 中日メディカルサイト（http://iryou.chunichi.co.jp/article/detail/20170906131849094）2017年12月30日閲覧。

14 旭酒造ホームページ（https://www.asahishuzo.ne.jp/info/report/item_2725.html）2017年12月30日閲覧。

参考文献

小林富雄（2018）『改訂新版 食品ロスの経済学』農林統計出版。

小林富雄、佐藤敦信（2016）「インフォーマルケアとしての香港フードバンクの分析――活動の多様性と政策的新展開」『流通』No.38：19-29。

小林富雄、本岡俊郎（2017）「フランスにおけるフードバンクの分析――食品廃棄禁止法と企業行動」日本農業市場学会全国大会資料（岩手大学）。

章大寧（2010）「韓国のFood Bank制度――環境・資源的役割に注目して」南九州大学研報・第40B号。

ドギーバッグ普及委員会（https://www.doggybag-japan.com/）。

流通経済研究所（2016）「海外における食品廃棄物等の発生状況 及び再生利用等実施状況調査」農林水産省食品産業リサイクル状況等調査委託事業。

山本謙治、小林国之、坂下明彦（2017）「イギリスの倫理的消費の社会化過程におけるキャンペイナーの役割」農業経済研究、88（4）：461-466。

APEC PROJECT Data Base “Strengthening Public-Private Partnership to Reduce Food Losses in the Supply Chain”.（https://aimp2.apec.org/sites/PDB/Lists/Proposals/DispForm.aspx?ID=1381）2017年12月4日閲覧。

BSR・FWRA（2013）“Analysis of U.S. Food Waste among Food Manufacturers, Retailers, and Wholesalers”.

Charities Aid Foundation（2015）World Giving Index.（https://www.cafonline.org/about-us/publications/2015-publications/world-giving-index-2015）2016年11月9日閲覧。

EPA（https://www.epa.gov/sustainable-management-food/united-states-2030-food-loss-and-waste-reduction-goal）2017 年 12 月 4 日閲覧。

EPA（https://www.epa.gov/sustainable-management-food/food-recovery-challenge-frc）2017 年 12 月 6 日閲覧。

European Parliament（2017）"Resolution on resource efficiency: reducing food waste, improving food safety". (http://www.europarl.europa.eu/RegData/etudes/ATAG/2017/603909/EPRS_ATA（2017）603909_EN.pdf）2017 年 12 月 4 日閲覧。

Kobayashi, T., Kularatne, J., Taneichi, Y., Aihara, N.（2018）"Analysis of Food Bank implementation as Formal Care Assistance in Korea", *British Food Journal*, Vol. 120, Issue 1, pp.1－14.

Stuart, T.（2009）*Waste-uncovering the global food scandal*. Penguin Books: London（トリストラム・スチュワート（2010）『世界の食料ムダ捨て事情』NHK 出版）。

第2章
社会保障システムにおける フードバンクの意義と役割

角崎　洋平

はじめに――システムとしての社会保障とフードバンク

本章の目的は、フードバンクのような食料を直接供給する事業の、社会福祉的な意義や果たすべき役割を、社会保障制度との関係の中で明らかにすることにある。

社会保障制度とは、人々の暮らし良さ（well-being＝福祉）を公的責任で保障する制度のことである。よく知られていることだが、戦後まもない社会保障制度審議会の「1950年勧告」では、社会保障制度について以下のように説明されている。「疾病、負傷、分娩、廃疾、死亡、老齢、失業、多子その他困窮の原因に対し、保険的方法又は直接公の負担において経済保障の途を講じ、生活困窮に陥った者に対しては、国家扶助によって最低限度の生活を保障するとともに、公衆衛生及び社会福祉の向上を図り、もってすべての国民が文化的社会の成員たるに値する生活を営むことができるようにすること」。そしてこの勧告では、このような生活保障の責任は、国家にあることも確認されている（社会保障制度審議会, 1950）。その後の社会保障制度審議会の「1995年勧告」でも、1950年勧告の生活保障に関する国家責任の考え方は踏襲されている。そしてこの勧告は、新しい社会保障の理念として「広く国民に健やかで安心できる生活を保障すること」を掲げている（社会保障制度審議会, 1995）。「健やかで安心できる生活」とはまさに、上述の「暮らし良さ」の内実を示している。

このように公的責任をもって整備されることが重要とされる社会保障制度であるが、今日では、「公的制度」の枠組みを超えて「システム」として展開することも期待されている。2001年6月閣議決定の「今後の経済財政運営及び経済社会の構造改革に関する基本方針」では、以下のように述べられている。「社会保障制度は国民生活の安定のために極めて重要な基盤であるが、それが公的なものであるが故に制度そのものに非効率を伴いやすい組織上の問題がある。その意味で、民間部門で実現可能な機能はそこに委ね、公的制度と補完性、競合性を合わせもった総合的な保障システムによって国民生活の安定を実現していくことが重要である」[1]。今日の社会政策は、公的制度である社会保障制度の整備という課題を超えて、民間部門とも連携しながら「健やかで安心できる生活を保障」するシステムを構築することも期待されている。したがって社会保障についての研究においては、公的な社会保障制度のみに照準を当てるのではなく、社会保障に寄与するシステムに広く照準を当て、「健やかで安心できる生活」ひいては「暮らし良さ」が効果的に保障されているか否か検討することも、欠かせない。

本章は、本書全体のテーマであるフードバンクが、どのようにこうしたシステムの中に位置付けられるべきか、を考察するものである。フードバンクは、企業や家庭で余剰した食品を回収し、そうした食品を、生活困窮者や生活に困難を抱えた人々が利用する施設などに直接供給する事業である。食料を、生活困窮者やその家族などに供給する事業として、他にもたとえば「炊き出し」や近年急速に全国に普及している「子ども食堂」などがある。フードバンクは食料を直接供給する事業の一つであるとともに、こうした事業を直接実施したり、間接的に支援したりする機能を有している。日本ではじめての全国的なフードバンクの調査報告書である『平成21年度フードバンク活動実態調査』では、フードバンクについて、「食品ロスの廃棄による無駄をなくし、資源の有効活用を目的とする経済・環境的理念」とともに、「全ての人に食べ物を供給したいという社会福祉的な理念」があるとしている（農林水産省, 2010：4）。いわばフードバンクは、食品ロス削減という環境政策的側面と、全ての人への食料供給という社会政策的側面の、両面で意義を持つ事業として評価されている。

とはいえこの報告では、この「社会福祉的な理念」を持つ事業が、既存の社会政策や社会保障制度と、具体的にどのように関係するか明確にされていない。そのためフードバンク事業の環境政策的側面に比して、社会政策的側面での意義が明確になっていない。そもそもこれまでの日本国内でのフードバンクの調査が、農林水産省を中心に実態調査が進められていることもあり（農林水産省, 2010；2014)、研究についても食品ロス削減の観点からの評価が中心となってきた（小林, 2015など)。そのためフードバンク事業の社会政策的な側面に注目した研究はまだ少ないのが現状である。

そうした中で日本では原田（2012）が、フードバンクのミッションについて、食品ロスの削減や地域活性化とともに生活困窮者の救済もあることを確認していた。最近では本書の執筆陣による研究グループが、社会政策学・社会福祉学上の関心からのフードバンク研究を展開している（佐藤, 2016；佐藤・角崎・小関, 2016；小関, 2016；小関編, 2017[2])。しかしそれでも小関（2016）で指摘されるとおり、いまだ「フードバンクによる食料支援を、生活困窮者に対する社会保障体系のなかでどう位置付けるか」についての研究はほとんどないというのが現状である。

日本国外に目を向ければ確かに、欧州でフードバンク事業を推進する欧州フードバンク連盟（Fédération Européenne des BanquesAlimentaires / European Federation of Food Banks）が、傘下フードバンクが食料・食事を供給していることで、飢餓の削減に貢献していることや、関連する仕事を創出することで社会的包摂に貢献していることを強調している（FEBA, 2012)。しかしやはり、なぜ飢餓の削減のために他の社会保障制度ではなくフードバンクなのか、なぜ他の営利・非営利の仕事ではなくフードバンク関連の仕事の創出が重要なのかは明確にはされていない。フードバンクを国際的に推進する組織においても、フードバンクの社会政策における特徴的な意義や、社会保障制度との適切な関係について、十分に示すことができていない。

本章は、近年日本で急速に浸透してきているフードバンク事業の、社会政策的側面について注目し、フードバンクが社会保障システムの中でいかなる位置を占めるべきか、について考察する。フードバンクと社会保障制度の適切な関係を明らかにすることは、今後の社会保障の在り方を考える際にも重要な示唆を与えると考えられる。なぜなら本書の第3章で確認されるように、今日フードバンクは、生活困窮者自立支援制度の中で展開することが増えているからである。フードバンクは、社会保障制度と関係を深めそのシステムの中にすでに組み込まれつつある。まず第1節では「社会保障」にとっての「食料への権利」「フード・セキュリティ（食料保障）」の意義や、食料を保障するとはいかなることか、について整理する。第2節では、こうした「食料への権利」「フード・セキュリティ」の観点からのフードバンク批判についても確認する。そのうえで第3節では「フード・セキュリティ」論に影響を与えたAmartya Senの潜在能力アプローチに基づき、所得・食料・福祉の関係を整理して、いかなる場合に社会保障の観点から食料の直接供給が求められるのか、を理論的に明らかにする。こうした考察を踏まえて第4節では、日本や海外のフードバンクの実践を参照しながら、食料の直接供給によるフード・セキュリティの枠組みにフードバンクがいかに貢献しうるか、を確認する。最後の第5節では、本章の議論を整理し、今後の課題・展望や本章の研究の限界についても付言しておく。

1　食料への権利とフード・セキュリティ

(1) 食料への権利

上述のようにフードバンクは、余剰食品を、生活困窮者や生活に困難を抱えた人々が利用する施設などに直接供給する事業であるが、こうした食料の直接供給は、社会保障の目標である「暮らし良さ（福祉）」のためにどのような意義を持つのか。本節では、「食料」を保障するとはいかなることか、について検討する。

いうまでもなく食料供給は、人々の暮らしにとって不可欠なものである。各世帯において食料の十分な確保がなければ、憲法25条で保障されている「健康で文化的な最低限度の生活」を維持することも不可能である。そうした意味で「全ての人に食べ物を供給」するという理念を持つフードバンクの活動には、社会福祉的な意義が認められることになる。

食料は衣料・住居・医療とともに、「健康で文化的な最低限度の生活」を維持するために必要不可欠なものである。したがって、「食料」が十分に手に入らない状態は、基本的人権である「健康で文化的な最低限度の生活を営む権利」が脅かされている状態であり、食料の確保を保障することは基本的人権を、ひいては「暮らし良さ」を保障するための必要不可欠な要件である。食料を保障することは社会保障の重要な目標の一つといえる。

食料を人権の観点から重視する考えは日本国憲法の枠組みのみに基づくものではない。1948年に国連総会で採択された世界人権宣言第25条1項は、誰もが皆「衣食住（food, clothing, housing)、医療及び必要な社会サービスにより、自己及び家族の健康及び福祉に十分な生活水準を保持する権利」を有することが宣言されている[3]。

世界人権宣言の内容を条約化した1966年の国際人権規約の社会権規約（経済的、社会的及び文化的権利に関する国際規約：ICESCR）第11条1項でも「適切な食料」の権利がすべての者にあることをうたっている。外務省によれば、2015年7月現在、日本を含めた（そして条約署名国であるアメリカ合衆国を含まない）164の国々が、この条約の締結国としてこの条約に定められた義務を負っている[4]。したがって、食料への権利や飢餓から逃れる権利について、日本を含めた締結国政府は、その国民すべてに対しそれを保障しなければならない義務を負っている。

この社会権規約の実施状況についての国連の監視機関である「経済的、社会的及び文化的権利委員会（Committee on Economic, Social and Cultural Rights：CESCR)」はこの11条1項の「適切な食料」について、その意味などを解説する「一般的意見12号（general comment 12)」を発している[5]。

一般的意見12号では、「適切な食料への人権は、すべての権利を享受するために決定的に重要である」ことがまず述べられたうえで（CESCR. 1999：para1)、食料への権利について、以下のように記されている。

> 適切な食料への権利（right to adequate food）は以下の場合に実現される。すなわち、すべての男性、女性、子どもが、一人であるか他者とコミュニティにいる場合であるかにかかわらず、常に、適切な食料やその調達のための手段への身体的・経済的アクセスを有している場合である。それゆえ、食料

への適切な権利は、カロリー・タンパク質・その他の特定の栄養素の最低限のパッケージと同一視するような、狭義もしくは制限的な意味で解釈されるべきでない。(CESCR, 1999：para6)

したがって食料への権利とは、すべての人々を対象にしたものであり、常時実現されていなければならないものである。そしてその権利の実現のためには、単に「カロリー摂取が標準以下かどうか」「満腹か空腹か」といった食料の量的保障のみでは十分ではない、ということが示唆されている。

ここでいう「身体的・経済的アクセス」について確認しておく必要があるだろう。一般的意見12号ではこの二つの「アクセス可能性（accessibility）」についても解説している。

経済的アクセス可能性とは以下のことを含意する。すなわち、個人や世帯の、適切な食事のための食料の獲得に関する家計支出が、食料以外の基本的ニーズの達成や充足のために、脅かされたり妥協して緊縮したりせざるを得ないような状態にない、ということである。(CESCR, 1999：para13)

そして身体的アクセス可能性については以下のように述べられている。

身体的アクセス可能性とは、適切な食料がすべての人――幼児や幼い子供、高齢者、身体障害者、致命的な病気に苦しむ人や、精神的病気を含む持続的な医学的問題に苦しむ人を含む――にとって利用可能でなくてはならないことを含意する。自然災害の被害者、災害が起こりやすい地域に住む人々や、他の特別に不遇な集団には、特別な注意や、時には食料へのアクセス可能性の点で特別な優先的な考慮が必要であるかもしれない。(CESCR, 1999：para13)

食料への権利にとっては、災害時や飢餓に苦しむときに食料援助を受けられるということだけではなく、食料への経済的アクセスが常に保障されているということも重要である。すなわち個人や世帯が、「適切な食事のため」の費用が十分に支払える状態であることが求められており、そのための施策――たとえば、食料を含めた基本的ニーズの充足に十分な所得の保障や適切な価格で食料を入手できる市場の整備――が各国政府に求められている。

一般的意見12号では、食料への権利に関して条約締結国に課された義務についても明示している。第1に、「適切な食料への既存のアクセスを尊重（respect）する義務」である。締結国はそのようなアクセスを妨げるいかなる施策もとってはならない、とされている。第2に、「保護（protect）の義務」である。締結国は、企業や個人が、人々から適切な食料へのアクセスを奪わないようにしなければならない、とされている。第3に「充足（fulfil）の義務」である。充足の義務は、「促進（facilitate）の義務」と「供与（provide）の義務」から構成されている。促進の義務は締結国に、人々の暮らしを保証するための資源や手段について、そのアクセスと利用の強化のために率先して活動することを求めている。また供与の義務は、個人や集団が自らで制御できない理由でもって適切な食料への権利を享受できない場合に、締結国にその権利を直接供与することを求めるものである（CESCR, 1999：para15）[6]。Jean Zieglerらはこの供与の義務について、締結国に（最後の手段として）食料配給券（バウチャー）や所得保障のようなセーフティネットを供給することを求めるものだとし、こうした義務の観点から国家が、再分配的税制や社会保障制度の促進の義務も課されていると解釈している（Ziegler, Golay, Mahon and Way, 2011：20）

(2) すべての人々へのフード・セキュリティ

こうした人々に適切な食料へのアクセスを保障することは、今日においても世界的な課題でもある。1996年11月に開催され、世界185か国が参加した「世界食料サミット」は、その目的を「飢餓や栄養不良の解消、そしてすべての人々に対する持続的なフード・セキュリティの達成」に置くものであった。上述のCESCRの一般的意見12号も、このサミット参加国の要求から生まれたものである（CESCR, 1999：para2）。フード・セキュリティが達成されている状態とは、世界食料サミットの定義によれば、「すべての人々が、常に、活動的で健康な生活のための食事的ニーズや食料の好みをみたす、十分で安全で栄養的な食料への身体的・経済的アクセスを保持している」状態を指す（World

Food Summit, 1996b：para1)。これは上述の「適切な食料への権利」の定義とも類似している。したがって、適切な食料へのアクセスが保障されていることを「フード・セキュリティ」と理解することができよう[7]。

各国政府はこのサミットにおいて、フード・セキュリティの達成に向けたいくつかのコミットメントを約している。たとえば「貧困の根絶と永続的平和のためにもっともよい条件を創出するような、十分で平等な男女の参加に基づいた、政治的・社会的・経済的環境を確保すること」、「貧困および不平等の根絶と、すべての人が常に十分かつ栄養面で適切で安全な食料とその効果的利用のための身体的・経済的アクセスを改善するための政策を実施すること」、「食料政策・農業貿易政策・全般的な貿易政策が、公正で市場志向的な世界貿易システムを通じて、すべての人々のためのフード・セキュリティの向上に資するように努力すること」「自然災害や人災の防止と備えや、一時的で緊急の食料の必要量を満たすように、努力すること」などである（World Food Summit, 1996a：para10)。

1996年の世界食料サミットで議論された「フード・セキュリティ」については、2001年の「世界食料サミット5年後会合」、2009年「世界フードセキュリティサミット」などにも引き継がれ世界的な課題として引き続き議論されている。

ここで注意しておかなければならないことが2点ある。一つ目は、ここでいう「フード・セキュリティ（food security)」とは、国レベルでの食料の安定確保のための対策に限られないということである。日本では農林水産省が、food securityを食料安全保障と訳し、「国内外の様々な要因によって食料供給に影響を及ぼす」ような「不測の事態」への備えをする責務が国にあるとしている[8]。確かにフード・セキュリティのためには国レベルでの食料の安定供給が必要である。しかし、サミットでは、食料自給率が低い国における緊急時の食料不足対策というよりも、各国の国内外における飢餓や栄養不足状態の撲滅に重点が置かれている、ということに留意する必要がある。実際にサミットではフード・セキュリティについて、国レベルのフード・セキュリティのほかに、個人レベル、世帯レベル、地域レベル、グローバルレベルのフード・セキュリティがあるとしている（World Food Summit, 1996b：para1)。

二つ目は、フード・セキュリティのための政策は、途上国のみを対象とした対策ではない、ということである。確かに世界食料サミットでは、8億人以上とされる飢餓・栄養不足人口の多くが、発展途上国に存在していることを指摘している（World Food Summit, 1996a：para3）。しかし各国政府が約しているのは、すべての人々に対するフード・セキュリティであり、すべての国々での貧困の撲滅である。そのことはフード・セキュリティが「すべての人々」を対象としていることからも明らかである。各国政府は、途上国を中心とした諸外国におけるフード・インセキュリティ（食料危機）だけでなく、国内におけるフード・インセキュリティの撲滅や国民に対する食に関する権利の保障についてもコミットしているといえる。

2　食料への権利・フード・セキュリティの観点からのフードバンク批判

(1) フードバンク先進国のおけるフードバンク批判

食料への権利やフード・セキュリティの重要性は、そのままフードバンクのような食料を直接供給する事業の必要性には結びつかない。Graham RichesとTiina Silvastiは、主に先進工業国・福祉国家における慈善的食料支援やフードバンクについての事例を取りまとめて、まさに「食料への権利」「フード・セキュリティ」の観点から、フードバンクに依存した生活困窮者支援について批判している。Riches ed.（1997）では、1980年代から1990年代中ごろまでのオーストラリア、カナダ、ニュージーランド、イギリス、アメリカの事例が紹介されている。これらの国は比較的早い時期にフードバンク事業が浸透した国であり、いわばフードバンク先進国である。その続編であるRiches & Silvasti eds.（2014）では、上記の国に加えて、ブラジル、エストニア、フィンランド、香港、南アフリカ、スペイン、トルコの、2014年ごろまでの事例が紹介されている。執筆者たちは総じて、フード・セキュリティを確立することを義務付けられているICESCR批准国が、自国内でそうした義務を履行していないことを批判し、食料への権利の実現がフードバンクのような慈善的な活動に委ねられていることを批判している。

RichesとSilvastiは、Riches & Silvasti eds.（2014）を総括する終章で、各国

において「所得不平等の増大や労働政策・社会保障政策の失敗が（中略）、フード・インセキュリティ（food insecurity）のリスクの高い人々にとっての国内における飢餓の問題を引き起こし、悪化させた」としている（Riches & Silvasti, 2014：195）。また彼らが取り上げた国のほとんどでワークフェア的政策が実施されていることを指摘した上で、以下のように述べている。「労働政策の失敗と社会保障政策の緊縮化の結合は、適切な食料や栄養を含めた、適切な生活水準を達成するには不安定な生活を送る多くの人々にとって、困難を引き起こした」。そして「とりわけ所得面での貧困が、国内における貧困や食料支援の要求の増加の主要な原因となっている」とし、こうした問題への対応としてフードバンクのような、民間の慈善的な食料支援が拡大している、と指摘している（Riches & Silvasti, 2014：196）。まさにフードバンクは、社会保障の不備を弥縫するものとして登場したと評価されているといえよう。

もちろん、フードバンクによる食料の直接供給が、フード・セキュリティにとって有効であれば問題はない。だがRichesとSilvastiらは各国の状況を踏まえて以下の問題点を指摘しており、そうした食料支援の有効性について、懐疑的である。たとえば、寄付された食料だけでは、必要な支援のための不足が発生するなど利用できる資源に限界がある。また、協力企業が援助から撤退するリスクや、ボランティアや職員の確保にも問題がある。フードバンクの受益者は自分の嗜好にあった十分な食料選択の機会を与えられていないこともしばしばある。食料配分の基準は、慈善団体やボランティア個人の判断に委ねられており、明確にはなっておらず、そのため市民に食料への権利を平等に保障するには至っていない。アクセスにも問題がある。たとえば、オープンしている時間帯が限られているとか、食料を受け取るためには長い列に並ばなければならないといった問題、利用可能なサービスについての情報が十分に知られていない、など問題がある。そして、慈善的な食料支援では、十分に食事や栄養に配慮した食料を供給できないかもしれない、といった問題もある（Riches & Silvasti, 2014：203）。

確かに現在のフードシステムでは大量の食品廃棄が存在しており、それは見逃せない水準ではある。しかし彼らは、その解決のためにはフードバンクを利用した「第二の市場」を作るのではなく、そうしたフードシステム自体の効率化が必要だとする。イギリスの事例でも、アメリカの事例でも指摘されているのは、食料を余剰させている食品企業の労働者が、低賃金と雇用形態の不安定のためにフード・インセキュリティに陥っている状態である（Riches & Silvasti, 2014：206；Poppendiek, 2014：187；Dowler, 2014：173）。こうした現状を踏まえ、彼らがフード・セキュリティのために実現するべきとしているのは、フードバンクによる食料供給ではなく、十分な金銭給付や安定的な雇用の確保を含めた所得保障である（Riches & Silvasti, 2014：206−207）。

なおブラジルのフードバンク事業については、Riches & Silvasti eds.（2014）の中で唯一、好意的な評価がされている。ブラジルのフードバンクの一部は公営であり、こうしたフードバンクは、「飢餓ゼロ作戦（Zero Hunger Strategy）」と呼ばれる政府目標実現のための手段の一つとして公的に位置付けられている。生活困窮者のためのフード・セキュリティはフードバンクのみに委ねられることはなく、ボルサ・ファミリアのような条件付き金銭給付プログラムなどとも連携している。また公的フードバンク以外も含めたすべてのフードバンクは、食品安全や消費者保護のための同一の規制に服しており、公的フードバンクには少なくとも各1名の栄養士やソーシャルワーカーが置かれている[9]（Riches & Silvasti, 2014：198−199；Rocha, 2014）。

そういう意味ではRiches & Silvasti eds.（2014）のブラジルに関する章を担当するCecilia Rochaが指摘するように、フードバンクの存在やその社会政策としての活用自体が、食料への権利やフード・セキュリティに関する政府の責任放棄を意味するわけではない（Rocha, 2014：41）。しかし一方でRochaは「真のフード・セキュリティが達成されたブラジルとは（公営・民営にかかわらず）フードバンクが存在しないブラジルである」（Rocha, 2014：41）とし、RichesとSilvastiはそれを引用しつつ、「フードバンクの存在自体が、脆弱性を抱える階層にとっての飢饉や不安定なフード・セキュリティの兆候である」（Riches & Silvasti, 2014：199）としている。やはり彼らは、フード・セキュリティのためには所得保障が重要であるとのスタンスを維持しており、フード・セキュリティのためのフードバンクの必要性を社会保障制度が整備されつつある発展的段階における次善の策としてのみ評価している。そしてフードバンクを、いずれ消失すべき存在として理解しているように思われる。

(2) 臨時・慈善の事業としてのフードバンク

このようなRichesとSilvastiや彼らの研究グループの見解に基づくならば、日本などにおけるフードバンク事業の社会保障システムへの組み込みを、否定的に評価せざるを得ない。「所得不平等の増大や労働政策・社会保障政策の失敗」がフード・インセキュリティを引き起こしたとする彼らの見解は、日本にも当てはまる。彼らや彼らの支持者であれば、本来生活保護制度における金銭給付や、労働環境の整備による生活賃金の保障による所得保障こそがフード・セキュリティにとって重要である、と指摘するだろう。また彼らや彼らの支持者は、現在の日本における公的機関でのフードバンクを利用した食料給付は、すみやかに生活保護制度による金銭給付にとってかわられるべきだ、と指摘するだろう。

そもそも「健康で文化的な最低限度の生活」のための食料を供給する方法とは、フードバンクのように食料を直接供給する方法に限られない。上記の憲法25条の理念に基づく生活保護法は、その第12条で「困窮のため最低限度の生活を維持することのできない者に対して」、「衣食その他日常生活の需要を満たすために必要なもの」を生活扶助として給付することを定めている。そして同法31条はこの生活扶助について、「金銭給付によって行うものとする」としており、現物給付は例外的方法として認められているにすぎない。

日本の現行の生活保護法運用を踏まえれば、一見、食料を直接供給する事業の社会福祉的な意義を見出すのは難しい。生活保護制度によって生活扶助を十分に受けられているならば、フードバンクを利用する必要性は消失するからである。一方でたとえば、フードバンクや子ども食堂が食料を十分に提供することになれば「衣食その他日常生活」のために生活扶助を受ける必要性は緩和されるとみなされうる。「生活保護法による保護の実施要領について」(昭和36年4月1日厚生省発社第123号厚生次官通知)の規定によれば、仕送り・贈与された食料は金銭換算され、収入認定される(第8－3－(2)イ(イ))。フードバンクや子ども食堂からの食料(食事)の現物給付はともすれば、生活扶助を代替するものになってしまい、ひいては生活保護制度全体の縮小の流れに掉さすものとなりかねない。

もちろん第3章でも同様の指摘がなされているように、「仕送り、贈与等で受け取った金銭」であっても「社会通念上収入として認定することを適当としないもの」（同通知第８－３－⑵イ（ア））や、「社会事業団体その他（地方公共団体及びその長を除く）」から「臨時的に恵与された慈善的な性質を有する金銭であって、社会通念上収入として認定するのが適当でないもの」（同通知第８－３－⑶ア）であれば、収入認定されない。こうした規定に基づけば、フードバンクや子ども食堂からの食料供給を一概に収入認定することは、妥当ではない[10]。とはいえ、上記のような法解釈と生活保護制度上の関係でいえば、フードバンクのような食料を供給する事業は、公的責任によって実施される社会保障制度の枠外の、臨時的かつ慈善的な恵与事業としてのみ評価されるものとなる。

臨時的・慈恵的な食料提供としてのみフードバンクを位置付けるのであれば、食料への権利やフード・セキュリティの観点から、こうした事業を不十分なもの、生活保護制度を不適切に代替するものとして評価せざるを得ない。なぜならば、臨時的かつ慈恵的な事業体に依存しなければ適切な食料を入手できない人々が存在するということは、適切な食料への権利を保障するというICESCR締結国の義務を国家が放棄し、不適切に民間にその責務を放擲していることになるからである。

3　所得保障の機能不全とフードバンク

(1) 所得・食料・福祉の関係――潜在能力アプローチによる整理

それでは、フードバンクのような直接的な食料支援を実施する事業を、フード・セキュリティひいては社会保障に貢献する制度として、まったく評価することができないのか。ここでまず確認しておくべきは、所得保障がいかにフード・セキュリティにとって重要だとしても、所得は食料を入手する手段にすぎない、ということである。

確かに所得とその蓄積である富は、人が自由に生活するための物質的な汎用的手段である（Rawls, 2007=2011：20–21）。しかし所得は、手段であるため、目的ではない。人の活動の最終的目的は、暮らし良さ（福祉）であり、そこから得られる幸せ（厚生）である。人は所得を得て、それを何らかの財やサービスに交換し、それを利用して、暮らし、幸せを感じる。そういう意味では食料は所得によって交換される目的的な財であるが、暮らし良さや幸せな生活のための手段でもある。

Senがとりわけ「福祉」の指標として重視するのは、所得と厚生の間にある、〈機能（functionings)〉である。〈機能〉とは、人が行いうる行為や、人がなりうる状態のことである。たとえば、自転車を乗り回すことができるという行為＝〈機能〉は、自転車という財を入手していることや、自転車を乗り回すことができることから得られる厚生からも区別される（Sen, 1985=1988：22)。そしてSenは、その人が選択すれば達成可能な〈機能〉の集合を「潜在能力(capability)」と呼び、これを福祉の指標として採用する。潜在能力は、「本人が価値を置く理由ある生を生きられる（he or she enjoy to lead the kind of life he or she have reason to value)」(Sen, 1999：87）実質的な自由の幅を示している。Senはこの自由をこそ、「福祉」として評価しようとしている。

所得・食料・〈機能〉・厚生の関係について、Sen自身が例示した事例をもとに考察しよう。人は汎用的財である所得（貨幣）から特定目的を持つ財である食料を購入する。食料という財は、「飢えをしのぎ、栄養を摂取し、食べる楽しみを得」る、といった諸特性を有する（Sen, 1985=1988：21)。人は食料という財からそれが持つ特性を抽出して享受し、飢えをしのぎ、栄養的な生活を営み、食べることを楽しむ、といった〈機能〉を達成する。そして人はそうした〈機能〉から何らかの厚生（幸せ感）を得る。

Senは、深刻な飢饉の発生について、1943年のベンガル大飢饉や1972年からのエチオピア飢饉の例などを参照しながら、飢饉が、食料総供給量の不足ではなく、特定の人々が食料を入手する正当な資格（権原：entitlement）を失うことによって発生しうると指摘している。たとえば雇用機会や生産のための機会や社会保障給付資格の喪失や、食料価格の急騰などが、特定の人々から食料を入手する権限を奪う。そして、それらが飢饉の原因になるとしている（Sen, 1981＝2000)。これを上述の潜在能力アプローチで整理するならば、所得や所得の獲得手段の縮小・喪失が、人々の食料入手を困難にし、ひいては人々が達成できたはずの様々な〈機能〉を縮小・喪失させている、ということを意味している。

こうしたSenの「潜在能力アプローチ」と呼ばれる考え方は、上述の「食料への権利」や「フード・セキュリティ」といった考え方に大きな影響を与えたとされる（久野，2011：177；Burchi & De Muro, 2016）。Francesco Burchi と Pasquale De Muloが詳細に分析しているように、フード・セキュリティの考え方は、食料の量の保障から質の保障へ、食料供給に焦点を当てたアプローチから、所得や他の社会保障制度をも視野を入れた多元的なアプローチへと展開してきた。そしてSenの、食料量そのものではなく、〈機能〉や潜在能力に焦点を当てた理論が、その論拠となった（Burchi & De Muro, 2016）。

そうした意味では、RichesやSilvastiらの、食料直接供給よりも所得保障を重視するフード・セキュリティ論は、潜在能力アプローチの影響を受けたものといえる。しかしSen自身は、食料直接供給よりもよりも所得保障の方が、フード・セキュリティにとって好ましいとは断定していない。SenはJean Drèzeとの共著において、インドにおける食料の公的配給制度（PDS）について分析している。SenとDrèzeは、PDSにより豆類・食料油・強化食塩などの栄養のある食料品が配給されるようになったとして、PDSが単なる金銭給付よりも貧困世帯の栄養補給に貢献したと評価している。また金銭給付よりも食料供給の方が、家族内の権力者が独占的に支援された資源を消尽する危険性は低く、家族全員へ栄養を提供するのに適していることも指摘している。一方で、食料市場が機能していない場合や物価上昇がある場合において、金銭給付が十分な食料の提供につながらないことも指摘している（Drèze & Sen, 2013＝2015：309－310）。Senの理論は、所得・食料・〈機能〉の密接な関連に注目するものであり、RichesやSilvastiらの研究グループのように食料直接給付は金銭給付によって代替されるべきだ、と主張するものではない。

所得・食料・〈機能〉の関係について、ここで留意しなければならないことは、食料の持つ特性から、〈機能〉への変換は、一意ではないということである。潜在能力アプローチの特徴は、財の特性と、人が財によって得られる〈機能〉を区別していることにある。たとえば同じ財を入手していても、それを利用する人が違えば享受することができる〈機能〉が異なるかもしれない。Sen自身は同一の財が同一の〈機能〉に結びつかない例として、寄生虫性の病気を患っている人とそうでない人という事例を挙げている（Sen, 1985＝1988：21）。

それでは潜在能力アプローチを踏まえたうえでフード・セキュリティとその

方法について整理しよう。フード・セキュリティとは上記のとおり「常に、活動的で健康な生活のための食事的ニーズや食料の好みをみたす、十分で安全で栄養的な食料への身体的・経済的アクセスを保持している」状態をすべての人に保障することである。「活動的な生活」「健康的な生活」というのは、〈機能〉もしくはいくつかの〈機能〉の組み合わせによって達成される状態である。そして、人がそうした〈機能〉を持つことを可能にする財として「十分で安全で栄養的な食料（適切な食料）」があり、それへのアクセスのためには通常十分な所得が必要となる（図2-1）。

図2-1　所得・食料・〈機能〉・厚生の関係

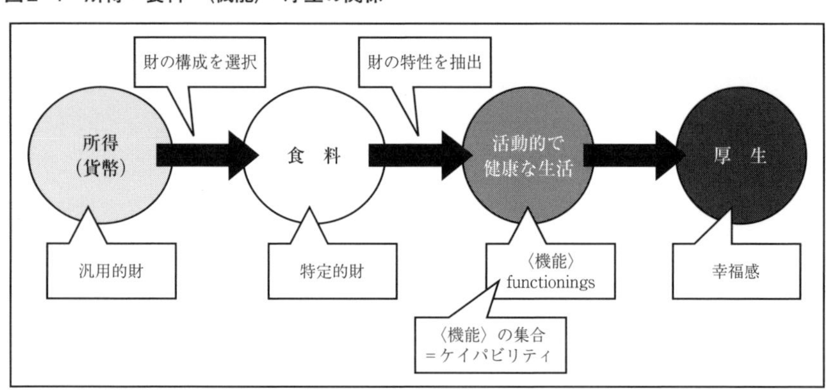

(2) 所得保障の機能不全と食料の直接供給

フード・セキュリティは重要であり、食料への権利を保障することは、政府——とりわけICESCR締結国にとって——の義務である。しかし第1節で確認したように、食料への権利の観点から重要なのは、単に食料を直接供給することではなく、食料へのアクセス可能性を国民に保障することであった。そういう意味で政府は、食料を含めた基本的ニーズの充足に十分な所得の保障を等閑視すべきではない。

フード・セキュリティのための手段として所得保障が非常に重要な役割を持つことは疑いない。人は所得を得てそれを食料に変え、食料を消費して、活動的で健康な生活を生きる。人の食料選好はおそらく多様であり、なかなか外部からは客観的に観察できない。直接食料を供給するよりも、食料を購入するに十分な貨幣を与えた方が、その人自身で好みの食料を選択できる。そのため、その人に適した食料を通じた、活動的で健康的な生活を保障できる。

翻ってみれば、取扱食料の種類が廃棄予定であった（だがまだ食べることができる）食料に限られるフードバンクによる食料直接供給型のフード・セキュリティは、所得と市場を通じたフード・セキュリティと比して、供給できる食料の種類や質の面で、どうしても劣るだろう。したがって、所得保障を通じたフード・セキュリティの方が、食料を直接供給する事業よりも、食料への権利やフード・セキュリティの観点から有効なのであり、安易に所得保障によるフード・セキュリティを、食料直接供給型のフード・セキュリティによって代替させるべきではない。2節でみたRichesとSilvastiの批判は的を射ている。

食料を直接供給することの必要性は、所得保障が十分に人々の活動的で健康的な生活につながっている場合に消失するといえる。だが逆からいえば、所得保障が十分に機能していない場合に、それを補完するために、フードバンクなどによって食料を直接供給する必要性がでてくる、ということも指摘できよう。

所得保障が機能していないケース（すなわち、食料を直接供給する必要性があるケース）は、外在的要因による所得保障制度の機能不全と、内在的要因による所得保障制度の機能不全に分けられる。

まず第1に、外在的要因による所得保障の機能不全が発生しているケースである（図2-2）。この場合に緊急に食料を直接供給する支援は有効である。第2節でみたように意図的に所得保障制度を縮小する政策がフード・インセキュリティを生んできた側面もある。しかしたとえば予測不可能な不況や災害、制度設計時には意図していなかった事象に所得保障制度が対応できない場合など、外在的要因で、不意にフード・インセキュリティが到来する蓋然性は否定できない。

食料直接供給支援は、上記の緊急的な支援として有効だろう。たとえ一時的であっても、飢饉を含めたフード・インセキュリティは、人々の生命の維持に深刻な影響を与える。一時的にもフード・インセキュリティが深刻化しないようなバッファーとして、食料を直接供給する事業を社会保障システムに組み込んでおくことは「活動的で健康的な生活」を常時維持するために不可欠である。

図2-2　外在的要因による所得保障制度の機能不全

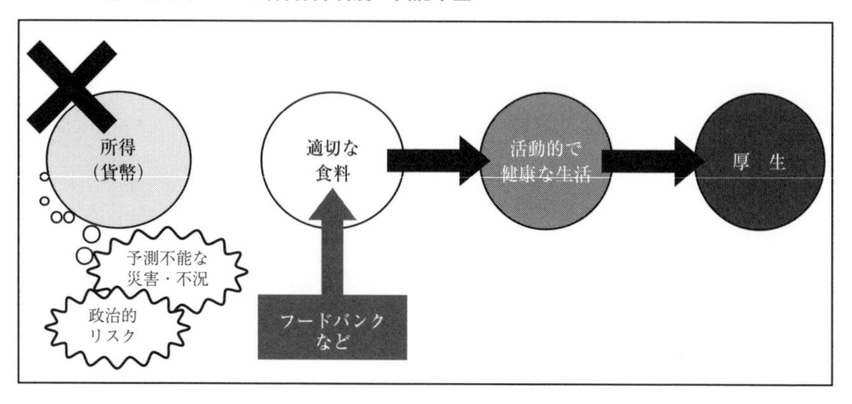

第2に確認しておくべきは、内在的要因による所得保障の機能不全が発生しているケースである（図2-3）。すでにみたように、所得は、食料という財に変換され、食料という財が「活動的で健康な生活」を送ることができるという〈機能〉や〈機能〉の組み合わせに結びついて、フード・セキュリティを達成する。しかし①貨幣が適切な食料に変換されないケースや、②食料が栄養に変換されず「活動的で健康な生活」に結びつかないケースが想定される。また③外的には所得保障制度が整備されているにもかかわらず、個人の内的要因等によって、個人が適切な食料を入手できていないといったケースも想定できる。

たとえば①のケースについては、家計管理能力の低下・欠如などが理由で、一定程度の所得が確保されていても、十分な食料を入手できていないといったケースが想定される。近くに適切な食料品を販売する店舗がなく、貨幣があっても適切な価格で健康的な食料が手に入らない（フードデザート）ケースも考えられる。②のケースについては以下のような事例が想定される。たとえば、食料は入手できても調理できる技術や環境を欠いている場合や、病気や障害などが理由で食料から栄養が確保できないケースである。また、食料や栄養素に対する知識を欠いていたりして栄養面で必要な食料を入手できていないケース

図2-3　内在的要因による所得保障制度の機能不全

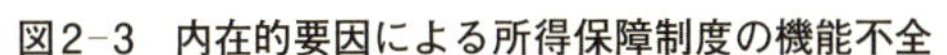

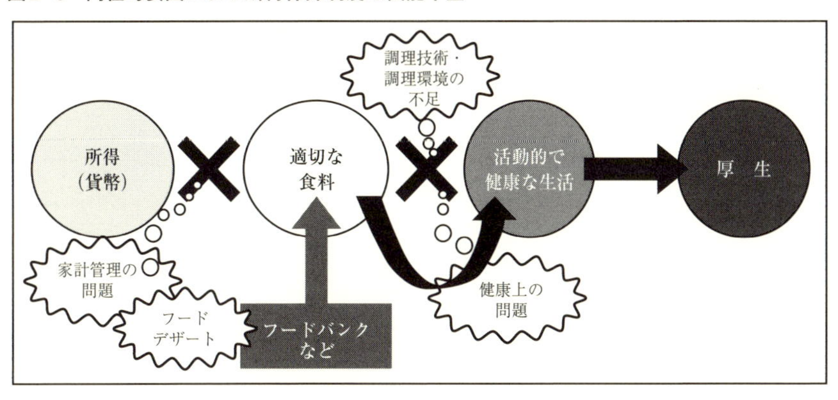

もあろう。

③については、十分な雇用機会や所得保障制度が存在するにもかかわらず、フード・インセキュリティにある当事者の内的な事情により、就職活動や社会保障給付の申請手続きをしていないなどして、結果として食料も、活動的で健康な生活も得られていないといったケース（セルフ・ネグレクト等）が想定される。また世帯として所得が保障されていても家庭内再分配の問題で稼得者以外（とりわけ子ども）に適切な食料がいきわたっていないというようなケース（ネグレクト含む児童虐待等）も考えられる。

こうした場合は、かかる原因を放置して所得保障制度を充実させても、それをフード・セキュリティまで結びつける内的機能自体が問題になっているのだから、十分にフード・セキュリティにつながらない可能性が高い。このとき必要とされるのは、やはり食料（場合によっては栄養素自体）の直接供給であり、それとともに家計支援や日常生活自立支援または調理や食品・栄養についての教育活動などを並行して実施することである。または必要に応じて就労支援や各種手続きのための行政への同行支援も必要になろう。もちろん家計支援や就労支援を食料供給団体が直接担う必要はない。ただし少なくともそうした支援団体や行政機関と連携して食料供給を実施し、解決可能であれば内的な機能不全の問題について改善・解消を図る必要がある。

4　フード・セキュリティのためのフードバンクの活動

それではフードバンクは、所得保障の外在的・内在的機能不全によるフード・セキュリティの不全（フード・インセキュリティ）に対抗して、どのような役割を担いうるのか。下記にみるように、日本内外におけるフードバンクの活動の一部は、すでに所得保障の機能不全に対抗して、フード・セキュリティの実現に寄与するものである。

まず所得保障の外在的機能不全に対して。たとえば日本では予測が困難な天災に見舞われがちであるが、そうした災害に対応する仕組みを災害発生前の段階から整えておく、ということは重要なことである。実際に2011年に発生した東日本大震災においては、セカンドハーベスト・ジャパンなどが被災地に緊急に必要な食料を供給している[11]。またコラム（後藤論文）でも指摘されているが、2016年の熊本地震において隣県のフードバンクであるフードバンクかごしまが、セカンドハーベスト・ジャパンなどと協力して被災地に食料を届ける活動をしている[12]。食料を直接供給する事業の有効性が災害発生という緊急時に高まったといえるが、緊急時に機能するシステムを維持するためにも日常から、フードバンクのような余剰食料を集めて配分する団体や公的部門が一定程度存在する必要性は明らかである。

次に所得保障の内在的機能不全に対して、「貨幣が適切な食料に変換されないケース」についていえば、たとえば第4章で報告されているような、フードバンクの支援を受けたフランスのエピスリー・ソシアルの取り組みが参考になる。ここでは家庭経済ソーシャルワーカーが、廉価での食料供給によるフード・セキュリティに取り組むとともに、伴走的な家計再建支援を実施している。日本では、第3章で指摘されているようにフードバンクが、生活保護費を紛失または浪費してしまった生活保護受給者に対して食料を供給することがある。こうしたことも「貨幣が適切な食料に変換されない」ケースの一例であるが、フランスの事例を踏まえるならば、フードバンクの食料提供を、こうした生活保護受給者に対する家計支援の契機として活用することも必要であろう。

「食料が栄養に変換されず活動的で健康な生活に結びつかないケース」につ

いていえば、たとえばフランスのフードバンクであるバンク・アリマンテールの取り組みが参考になろう。バンク・アリマンテールでは、冷凍食品や加工食品での食事に依存しているため生鮮食品の調理ができない生活困窮者のために移動食料教室を開催している[13]。また外的には所得保障制度が整備されているにもかかわらず、「個人の内的要因等によって個人が適切な食料を入手できていないケース」についても、フードバンクの取り組みが有効であるとの報告がある。セカンドハーベスト名古屋の報告によれば、食料支援の実施が、生活困窮者の体調や家計の改善に資するのみならず、支援者と生活困窮者との間の信頼度を高め、家計支援や就労支援をスムーズにさせている事例などがあるということである[14]。また各地での「子ども食堂」などの運動も、子どもへの適切な食料（食事）の提供のみならず虐待の発見などの機能を持つと考えられ、このような事業へのフードバンクの支援は重要な意義を持つ。いずれにせよ、このように食料支援を一つの契機として、他団体や行政機関と連携して、所得保障からフード・セキュリティまでを結びつける内的機能の再構築を進めていく必要がある。

上述のようにフードバンクは、食料直接供給を通じたフード・セキュリティによって、人々の生活を再建しようと様々な支援活動を展開している。このような活動――たとえば災害時の緊急対応、フード・セキュリティと家計再建の両立、支援者と生活困窮者との間の信頼関係の醸成、子どもへの適切な食料提供など――は、単に食料を生活困窮者に配布することに留まるものではなく、金銭給付によってすべて代替できるとは考えられない。確かに、所得保障によるフード・セキュリティを、安易に食料直接供給型のフード・セキュリティによって代替させるべきではない。しかし多様な食料直供給型のフード・セキュリティの取り組みのすべてを、所得保障によるフード・セキュリティが代替できるわけではない。RichesやSilvastiらの食料直接供給を金銭給付に代替すべきという主張は、こうしたフードバンクの多様な活動を十分に考慮しないように思われる。

ただし、フードバンクのような食料を直接供給する事業が重要だとしても、提供される食料の多様性の確保や質の向上は今後の課題として残る。確かに食料を廃棄予定食品に依存する現状のフードバンクに、食料の多様性や質の確保を求めることは酷かもしれない。しかし「適切な食料への権利」を考えるならば、この点を無視することは望ましくない。たとえばフランスのフードバンクでは、政府の食料確保面での支援も受けて、多様で栄養素にも配慮した食料の提供を進めている（第4章参照）。「所得保障の補完」を、「質の高い補完」とするために、フランスなどの仕組みも参考にしながら、フードバンクが多様で質の高い食料を確保できるような公的な支援や民間での工夫・取り組みも今後必要である。

5　所得保障制度を補完する仕組みとしてのフードバンク

食料は「健康で文化的な最低限度の生活」を維持するために必要不可欠なものであり、フード・セキュリティとは「暮らし良さ」を保障する社会保障にとって重要な要素である。第1節ではこうした関係を評価するために「食料への権利」「フード・セキュリティ」という観点を確認した。しかし第2節でみたように、既存の先行研究における「食料への権利」「フード・セキュリティ」の観点からのフードバンク評価は、所得保障の不備を弥縫するものとしての評価でしかなかった。

とはいえ第3節でみたように、所得保障はフード・セキュリティの手段にすぎない。このことを考慮するならば、所得保障が機能不全を起こしフード・セキュリティにつながらない蓋然性について考慮する必要がある。本章ではこの点に注目し、Senの潜在能力アプローチの考え方を参照しながら、フードバンクのような食料を直接供給する仕組みを、所得保障が機能不全に陥るとき必要とされる所得保障を補完する仕組みとして、評価した。

「補完」ということは、かかる事業が重要でない、ということを意味しない。「フード・セキュリティ」において所得の保障が一般的に重要だとしても、それは貨幣が一般的に、汎用的・手段的な財であるからである。貨幣は多くの人にとって「手段」として重要な意味を持つが、ある人が直面する特定の社会的・身体的境遇によっては「手段」として意味をなさない。ときに貨幣は重要でなく、食料直接供給こそが重要となる局面がある。社会政策は、こうした個別性に配慮し、一人ひとりの「暮らし向き」の改善を考えなければならない。

内在的要因による所得保障の機能不全は、頻繁に発生しうるし、その機能不全を完全かつ未然に防止するということは不可能だろう。そういう場合には、フードバンクの活動にみられるように、まず（貨幣ではなく）食料を供給するとともに、食料・栄養不足の原因となった要因を発見し、その改善につなげるということもフード・セキュリティの有効な方法である。また、そうした事業がしっかりと社会保障システムに組みこまれているのならば、もしもの時（災害時や大不況時）には、外在的要因により機能不全を起こした所得保障制度を補完する制度となりえる。

さらにいえば、Richesらの所得保障を重視する立場からのフードバンク批判は、「所得」から「適切な食料」への経路に、過剰な信頼を置いているように思える。すでに指摘しているように、所得が適切な食料に変換できるのは、市場が適切に機能している場合に限られる。しかし今日フードレジーム論などで指摘されているように、グローバル企業による食料供給体制（レジーム）が、既存の食文化を解体し、かえって人々に不健康な食生活を強いている側面を鑑みるならば、市場メカニズムをフード・セキュリティの観点から手放しで評価できない[15]。こうした観点からみても、フード・セキュリティのための所得保障の重要性は失われてはいないとはいえ、過度に所得保障に依存した政策を展開することも大きな問題を含んでいると言わざるをえない。

そういう意味では、韓国で公的フードバンクとは独立して展開している「聖公会フードバンク」の今後の活動が注目される（第6章参照）。聖公会フードバンクは、種子市場の寡占化や遺伝子組み換え食品の増大を問題視し、「アジア食料支援ネットワーク事業」を介して、地域別に自給自足的な食料供給ネットワークを構築しようとしている（キム，2017）。市場での廃棄予定食品に依存しない新たな食料調達ルートがフードバンクに食料を供給する主要なルートになるならば、「企業や家庭で余剰した食品を回収」するフードバンクは、市場とは別のオルタナアティブな食料生産システムと接続した新たな「フードバンク」へと展開するかもしれない。

以上が本章の結論であるが、いくつかの留保を付け加える必要があろう。

まず第1に、本章の結論はいわば理論的な仮説に留まる。本章で検討したような、食料直接供給による所得保障の機能不全を補完することの必要性は、理論的には明らかだが、それをフードバンクが担いうるか、については論証しつくされているとはいいがたい。本章ではいくつかの事例をあげ、フードバンクなどがそうした機能を担いうることを例示したが、すべてのフードバンク（またはどのようなフードバンク）がそうした機能を担いうるかについては、今後の研究の進展をまって明らかにする必要がある。

第2に、本章3節は、「食料を直接供給する機能」が所得保障を補完しうることを説明したに留まる、という点である。冒頭で述べたようにそもそもフードバンクとは「企業や家庭で余剰した食品を回収」し、食料を生活困窮者などに供給する事業である。そのため「企業や家庭で余剰した食品を回収」しない食料を直接供給する事業の存在も、論理的にはありえる。現状では、組織的に食料を集め広く生活困窮者のために供給する組織は、フードバンク以外にはほとんどない。ゆえに本章では「食料を直接供給」する事業やそうした事業を支える事業としてフードバンクを想定した。しかし本章の結論は、「食料を直接供給」する、フードバンクとは別の事業体・運動体が今後現れ、そうした事業体・運動体がフード・セキュリティの重要な機能を担うことを否定するものではない。

＊本章は、角崎洋平（2017）「社会保障システムにおける食料支援」『貧困研究』第18号：82–95、明石書店に加筆修正を加えたものである。

注

1 http://www.soumu.go.jp/menu_seisaku/hakusyo/chihou/17data/17czs4-5-3.html（2018年1月5日最終閲覧）
2 小関編（2017）は、学術研究助成基金補助金基盤研究C（課題番号15K03969：研究代表者柳澤敏勝・研究分担者小関隆志ほか）、学術研究助成基金補助金基盤研究C（課題番号15K03985：研究代表者佐藤順子）、科学研究費補助金特別研究員奨励費（課題番号15J10975：研究代表者角崎洋平）によって、2016年8月30日から9月3日までの期間実施した、韓国フードバンク訪問調査の報告書である。
3 条約などの条文については外務省訳をベースに一部変更している。以下同じ。
4 http://www.mofa.go.jp/mofaj/gaiko/kiyaku/2b_001_1.html#section6（2016年6月18日最終閲覧）
5 この注釈についての詳細な解説についてはZiegler, Golay, Mahon and Way（2011：16–18）を参照のこと。
6 訳語については一部、久野（2011：174）を参照した。

7　久野秀二は、「食料（安全）保障」と「食料への権利」の違いについて整理している。久野は両者の意味は近接しているとしつつも、前者が、後者の「個人レベル」での権利を重視する視点を等閑視してしまう危険性を指摘している。とはいえ久野は、権利アプローチをベースにした「食料保障」もあり得ることを指摘し、それに基づく政策・運動の展開の可能性にも言及している（久野, 2011）。
8　http://www.matt.go.jp/j/zyukyu/anpo/1.html（最終閲覧 2018 年 3 月 5 日）
9　なお韓国のフードバンクにも社会福祉士が勤務しており、一部では（江南区フードバンク）では栄養士も勤務している（小関編, 2017）。
10　この点の理解については、筆者も報告した貧困研究会第 8 回研究大会分科会「フードバンクが生活困窮者支援に果たす役割」における全体討議等での吉永純氏（花園大学）からの教示に負うところが大きい。記して感謝したい。
11　https://2hj.org/activity/result/east-japan_activity（2016 年 6 月 30 日最終閲覧）
12　http://ksnk.org/（2016 年 6 月 30 日最終閲覧）
13　2015 年 9 月 7 日バンク・アリマンテール本部担当者からの聴き取り。なお筆者は佐藤順子・小関隆志と 2015 年 9 月 7 日から 9 日にかけてフランス・フードバンク団体の訪問調査を行っている。調査の概要については小関（2016）を参照されたい。
14　http://www.2h-nagoya.org/about/gyoseirenkei.htm（2016 年 6 月 30 日最終閲覧）
15　たとえばフリードマン（2006）、Guptill, Denise & Copelton（2012）などを参照のこと。

参考文献

キム・ハンスン（2017）「聖公会フードバンクの今後と展望」小関隆志編（2017）『フードバンク韓国の挑戦―― 2016 年度調査報告書』。
小関隆志（2016）「フランスにおけるフードバンク活動――フランスのフードバンクの事例調査をもとに」『貧困研究』第 17 号：100-111。
小関隆志編（2017）『フードバンク韓国の挑戦―― 2016 年度調査報告書』。
小林富雄（2015）『食品ロスの経済学』農林統計出版。
佐藤順子（2016）「日本におけるフードバンク活動の現在」『佛教大学福祉教育開発センター紀要』第 13 号：201-216。
佐藤順子、角崎洋平、小関隆志（2016）「フードバンクが生活困窮者支援に果たす役割――日本とフランスの事例から」『貧困研究』16 号：126-127。
社会保障制度審議会（1950）『社会保障制度に関する勧告』。
社会保障制度審議会（1995）『社会保障体制の再構築（勧告）――安心して暮らせる 21 世紀の社会をめざして』。
セカンドハーベスト名古屋（2016）『独立行政法人福祉医療機構平成 27 年度社会福祉振興助成事業行政と連携した生活困窮者への食品支援事業報告書』。
農林水産省（調査委託先・三菱総合研究所）（2010）『平成 21 年度フードバンク活動実態調査報告書』（http://www.maff.go.jp/j/shokusan/recycle/syoku_loss/foodbank/pdf/data1.pdf）最終閲覧 2015 年 12 月 6 日。
農林水産省（2014）『平成 25 年度フードバンク活動実態調査報告書』（http://www.maff.go.jp/j/shokusan/recycle/syoku_loss/foodbank/tachiage/pdf/25fbhk.pdf）最終閲覧 2015 年 12 月 6 日。
原田佳子（2012）『わが国のフードバンク活動に関する実態分析』広島大学修士論文。
フリードマン，ハリエット（2006）『フードレジーム――食料の政治経済学』こぶし書房。
久野秀二（2011）「国連「食料への権利」論と国際人権レジームの可能性」『食料主権のグランドデザイン――自由貿易に抗する日本と世界の新たな潮流』農文協。
Burchi, Francesco and Pasquale De Muro（2016）"From Food Availability to Nutritional Capabilities: Advancing Food Security," *Food Policy* No.60：10-19.

CESCR(Committee on Economic, Social and Cultural Rights)(1999) *General Comment 12.* (http://www.fao.org/fileadmin/templates/righttofood/documents/RTF_publications/EN/General_Comment_12_EN.pdf) 2016年6月18日最終閲覧。

Drèze, Jean and Amartya Sen (2013) *An Uncertain Glory: India and Its Contradiction*, Princeton University Press. (湊一樹訳 (2015)『開発なき成長の限界——現代インドの貧困・格差・社会的分断』明石書店)

FEBA (2012) "Food Aid: An Answer to Vital Right, A Gate to Social Inclusion. (http://fbss.be/uploads/Colloque_AA/compte%20rendu) 2017年5月16日最終閲覧。

Dowler, Elizabeth (2014) "Food bank and Food Justice in 'Austerity Britain,' Graham Riches and Tiina Silvasti eds., *First World Hunger Revised: Food charity or the Right to Food?*, Palgrave Macmillan.

Guptil, Amy E., Denise A. Copelton and Besty Lucal (2012) Food and Society: Principles and Paradoxes, Polity Press. (伊藤茂訳 (2016)『食の社会学——パラドックスから考える』NTT出版)

Poppendick, Janet (2014) "Food Assistance, Hunger and the End of Welfare in the USA," Graham Riches and Tiina Silvastieds., *First World Hunger Revised: Food charity or the Right to Food?*, Palgrave Macmillan.

Rawls, John (2007) *Lectures on History of Political Philosophy*, Belknap Press of Harvard University Press. (斉藤純一他訳 (2011)『ロールズ政治哲学講義Ⅰ』岩波書店)

Riches, Graham. ed. (1997) *First World Hunger: Food Security and Welfare Politics*, Macmillan Press.

Riches, Graham and Tiina. Silvasti eds. (2014) *First World Hunger Revised: Food charity or the Right to Food?*, Palgrave Macmillan.

Riches, Graham & Tiina Silvasti (2014) "Hunger and Food Charity in Rich Societies: What Hope for the Right to food?," Graham Riches and Tiina Silvasti eds., *First World Hunger Revised: Food charity or the Right to Food?*, Palgrave Macmillan.

Rocha, Cecilia (2014) "A Right of Food Approach: Public Food Banks in Brazil," Graham Riches and Tiina Silvasti eds., *First World Hunger Revised: Food charity or the Right to Food?*, Palgrave Macmillan.

Sen, Amartya. K. (1985) *Commodities and Capabilities*, North-Holland. (鈴村興太郎訳 (1988)『福祉の経済学——財と潜在能力』岩波書店)

——— (1999) *Development as Freedom*, Alfred A Knopf. (石塚雅彦訳 (2000)『自由と経済開発』日本経済新聞社)

World Food Summit (1996a) *Roma Declaration on World Food Security..* (http://www.fao.org/wfs/index_en.htm) 2017年11月12日最終閲覧。

——— (1996b) *World Food Summit Plan of Action.* (http://www.fao.org/wfs/index_en.htm) 2017年11月12日最終閲覧。

Ziegler, Jean; Christophe Golay; Claire Mahon and Sally-Anne Way (2010) *The Fight for the Right to Food: Lessons Learned*, Palgrave Macmillan.

第3章
日本のフードバンクと生活困窮者支援

佐藤　順子

はじめに

本章の目的は、日本のフードバンクおよびフードバンクから食料を受け取っている福祉事務所、社会福祉協議会、施設や支援団体による食料支援が、生活困窮者支援においてどのような役割を果たしているか、そして、その課題とは何か、今後どのような展開が期待されるかについて考察することにある。

日本におけるフードバンクの歴史はまだ浅く、初めてのフードバンクの設立は2000年のセカンドハーベスト・ジャパン（東京都）によるものであった（大原, 2016）[1]。それ以降、フードバンクは非営利法人を主なアクターとして全国的に広がりつつあり、「国内フードバンクの活動実態把握調査及びフードバンク活用推進情報交換会報告書」[2]によると、2017年1月末時点で、全国のフードバンク団体数は77か所を数え、増加の一途をたどっている。

フードバンク活動は、「食品循環資源の再生利用等の促進に関する法律（通称：食品リサイクル法、2000年成立、2001年施行・2007年改正施行）に位置付けられた「包装の印字ミスや賞味期限が近いなど、食品の品質には問題がないが、通常の販売が困難な食品・食材を、NPO等が食品メーカー等から引き取って、福祉施設等へ無償提供するボランティア活動」[3]である。

農林水産省はフードバンク活動支援として、①未利用食品を一時保管するための常温倉庫、保冷倉庫、業務用冷凍冷蔵庫等の賃借料、②未利用食品を運搬するためのハンドリフト、レンタカー等の賃借料（燃料費を除く）にかかる費用の半額を助成している[4]。しかし、これらはフードバンク活動を開始する際の足場を提供するものであって、フードバンク活動を継続的に運営するために必要な事務所賃貸料や人件費等を支援するものではない。国からの継続的な支援がない中にもかかわらず、ほとんどのフードバンクは主にボランティアと寄付に支えられて活動を展開している。後述するように、日本のフードバンク活動は福祉事務所等行政機関との連携を模索しているが、国・自治体から継続的な支援はない。

それにもかかわらず、フードバンク活動が活発化して来ている背景として、今日の日本では経済的理由によって食へのアクセスが制限される状況が顕著になって来ていることが挙げられよう。「平成26年国民健康・栄養調査報告」（厚生労働省，2014）[5]によると、過去1年間に「経済的な理由で食物の購入を控えた」・「購入できなかった」経験のある者は、合わせて男性が35.5%、女性で40.6%であった（複数回答）。

また、「生活と支え合いに関する調査」（国立社会保障・人口問題研究所，2012）[6]では、「食料の困難経験」について尋ねている。その結果、食料が買えなかった経験として「よくあった」・「ときどきあった」・「まれにあった」と回答した世帯の割合は、所得階層の十分位階級でみたところ、合わせて第Ⅱ10分位が26.0%、次いで第Ⅲ10分位が23.1%であった。これを世帯類型別にみると、二世代のひとり親世帯では「よくあった」・「ときどきあった」・「まれにあった」と回答した割合が合わせて32.0%と最も高く、次いで三世代のひとり親世帯が21.1%であった。単身世帯においては、単独高齢男性世帯が18.7%、単独非高齢男性世帯で18.5%が同様に「よくあった」・「ときどきあった」・「まれにあった」と回答しており、「食料の困難経験」はとりわけひとり親世帯、次いで単独男性世帯に集中していることがうかがえる。

このような状況のもと、フードバンクは経済的理由によって食へのアクセスが制限され、「食料の困難経験」のある世帯に対してどのような役割を果たせるだろうか。角崎が指摘するように、「所得保障がいかに食料保障にとって重要だとしても、所得は食料を入手する手段にすぎない」[7]ことから、食料を提供するという直截的な手段による支援は、所得保障と同時に生活困窮者支援において有用であると言えるだろう。ただし、それは誰を利用者として想定し、どのような内容と方法等で行われるかを視野に入れたときに、より効果を発揮すると思われる。

では、フードバンクによる食料の提供先にはどのようなところがあるだろうか。前述した「国内フードバンクの活動実態把握調査及びフードバンク活用推進情報交換会報告書」[8]によると、フードバンクの食品提供先は複数回答で次の順であった。最も多い65.8％が「生活困窮者支援団体」に提供しており、次いで「児童養護施設」64.4％、「障害者施設」60.3％、「地方公共団体（福祉事務所等）」57.5％、「母子生活支援施設」53.4％と続く。また、利用者に対する「個人支援」を行っているフードバンクが57.5％あった。なお、自由回答では「子ども食堂」への提供が15.1％あり、フードバンクからの食料の新たな提供先になりつつあるとしている。

近年、フードバンクが生活困窮者に対して食料支援を行っていることは、フードバンク山梨、あいあいねっと・フードバンク広島、フードバンク千葉等の取り組みを通じてすでに紹介されているところである[9, 10, 11]。これらのフードバンクの活動事例の紹介が示すように、フードバンクは食料の提供を通して、生活困窮者支援においてすでに一定の役割を果たしていると言えるだろう。

しかし、フードバンクが生活困窮者支援に果たす役割を精査した国内研究は決して多くない。以下、主な先行研究を概観すると、貧困と格差を解消する視点からフードバンクをシステムとして構築することの意義について述べた報告（岡井，2008）[12]、国内外のフードバンク活動の内容等について広く概観した株式会社三菱総合研究所（2010）による報告[13]、食品ロス削減や食料の再分配の重要性の観点から日本および韓国のフードバンク等の事例検討を行った研究（小林，2015）[14]が挙げられる。

また、フードバンクから食料を受け取る支援団体等や利用者を調査した研究はまだ希少であるが、フードバンクが利用者に及ぼす影響をアンケート調査によって評価した研究（松本，2016）[15]、フードバンクから食料を受け取っている施設・支援団体からヒアリング調査を行った研究（佐藤，2017）[16]がある。

なかでも松本は、特定非営利活動法人フードバンク北九州ライフアゲインから食料を受け取っている施設および個人を対象にアンケート調査を行い、QOL（Quality of Life）因子分析を用いて「食生活の変化」、「経済面の変化」、「フードバンク利用の満足度」等の視点からフードバンク利用の効果について分析している。その結果、いずれの面でもフードバンクからの食料提供は施設および個人に良い効果を与えており、特に「経済面の変化」の評価が高かったとしている。

このように、日本のフードバンクに関する研究の成果は少しずつ蓄積されているが、生活困窮者支援の観点から、フードバンクと支援団体等、支援団体等と利用者との関係性に着目した研究はまだ端緒についたばかりである。

本章は、第1節では、日本のフードバンクが生活困窮者に対してどのような内容と方法等で食料支援を行っているかを概観する。第2節では、日本で2番目の規模と歴史を持つ認定特定非営利活動法人フードバンク関西から食料の提供を受けている社会福祉協議会、施設および支援団体を対象に実施したアンケート調査の結果から、それらの支援団体等はフードバンク活動をどのようにして生活困窮者支援に活かしているかを明らかにする。

そして、第3節では、①フードバンク関西から食料を受け取って利用者に提供している社会福祉協議会、②Domestic Violenceの被害にあった母子を支援する施設、③女性と子どものためのシェルターを運営する支援団体のそれぞれの職員からのインタビュー調査結果を紹介し、支援団体等の抱える課題に焦点をあてるものである。

1　フードバンクによる生活困窮者支援

(1) フードバンクによる食料提供の実際

フードバンクは利用者に対してどのような内容および方法で食料支援を行っているだろうか。調査は、本書の執筆者である小関隆志氏・上原優子氏・角崎洋平氏らとともに2015年7月から2017年3月にかけて国内のフードバンクを訪問し、聴き取りによって行った。以下、フードバンクによる食料支援の内容と方法等について示していく。

まず、フードバンクによる利用者に対する食料の直接支援として炊き出しや食堂の運営等がある。

「毎週土曜日、東京都内の公園などでハーベストキッチンを実施し、食事の提供とランチボックスの配布を行っている。ランチボックスは寄贈された食品を使ったスタッフとボランティアの手作りである」（セカンドハーベスト・ジャパン）

「フードバンク開設後、寄贈された食料で作った食事を安価で提供するレストランを併設した。一日約20～40食用意し、地域住民に利用されている」（あいあいねっと・フードバンク広島）

利用者に対する食事の提供は、フードバンクによる直接支援の一形態である。さらに、支援のもう一つの形態として、フードバンクから利用者に食料支援を行う際に、支援団体等の判断に基づいて、フードバンクから利用者に直接食料を手渡したり、利用者宅に配送したり、あるいは連携関係にある福祉事務所、社会福祉協議会や支援団体等に受け渡し、そこから利用者に手渡すという方法も取られている。

「初回、フードバンクに食料を受け取りに来た人に対しては、従来どおり食料を渡しているが、福祉事務所、社会福祉協議会、施設および支援団体等とパートナーシップの協定を結び、これらの組織を訪問した人にセカンドハーベスト・ジャパンの紹介状を渡してもらう。紹介状を導入したことにより、本当に食料支援を必要とする人に限定して食料を支援できるようになった。行政や支援団体等に利用者をつなぐことも可能となった」（セカンドハーベスト・ジャパン）

「食料配送希望世帯は福祉事務所、社会福祉協議会および地域包括支援センター等の窓口に置かれている（食料支援）申請書に記入してもらう。申請書は当該窓口を経由して、フードバンク山梨から支援を開始する。ほとんどは福祉事務所からの紹介で、直接、フードバンク山梨に（食料支援を）申し込んだ人にも行政というフィルターを通してもらう。そうしないと、本当に支援を必要としているかどうかが判断できない」（フードバンク山梨）

このように、フードバンクの判断で食料支援を行う以外にも、福祉事務所や支援団体等の判断に基づいてフードバンクが利用者に食料を提供する支援の仕組みが見られる。

「（利用希望者が）本当に支援を必要としているかどうかが判断できない」（セカンドハーベスト・ジャパン）というように、フードバンクは利用者を選定することに困難さを感じているためである。この困難さに対して、福祉事務所や支援団体等が利用者を選定することによってフードバンクから利用者へ支援が行われる仕組みが成り立っている。

ただし、福祉事務所、社会福祉協議会や支援団体等に利用者の選定をゆだねることで、利用者の選定基準に対する疑義もまた、「（福祉事務所）ケースワーカーによって（食料支援の）基準はまちまち（と感じている）」（フードバンク山梨）というように、フードバンクによって意識されている。

一方、支援団体等には、利用者が置かれている状況についての情報をフードバンクに提供する役割が求められている。

「フードバンク利用希望者の情報は、連携している社会福祉協議会、生活困窮者自立支援法による相談窓口、地域包括支援センターや病院等からファックスで送付してもらう。その結果、利用者の健康状態、特に病気がないか、歯が悪くないか、また、電気・ガス・水道等のライフラインの状態はどうかを把握でき、その情報に応じた食料を選ぶことができる」（セカンドハーベスト沖縄）

「（支援団体等からの）依頼状に書かれた情報を元に、利用者宅の電気・ガス・水道等の状態や炊飯器電子レンジ等の調理器具があるかどうか等に応じて、食料を選んで箱に詰める」（セカンドハーベスト名古屋）

このように、支援団体等から寄せられる利用者の状況についての情報は、フードバンクが利用者にとって適切な食料等をセットアップするための重要な判断材料となっている。

(2) フードバンクと支援団体等との連携

次に、フードバンクは支援団体等との連携にあたって、どのような取り組みを行っているか見ていく。

「支援団体との打ち合わせを年1回開催し、聴き取り等を行っているほか、支援団体が食料を受け取りに来る度に意見や感想を聴くようにしている。利用者との直接の接点はないが、直接食料を渡す支援団体から情報を得ている」(あいあいねっと・フードバンク広島)

「年1回、支援団体に対してアンケートを実施し、受け取った食品の中で不要だった食品や廃棄した食品がないかどうか調査し、支援団体の食品廃棄基準等も聞いている。また、支援団体との交流会を2年に1度開催している」(フードバンク関西)

「炊き出し現場での手伝いや施設訪問等によって状況を把握している」、「支援団体等で作る『セカンドハーベスト名古屋を支える会』を結成し、会とフードバンクとの意見交換を年2回行っている」(セカンドハーベスト名古屋)

「フードバンク団体の理事が支援団体の代表を務めていることで、フードバンクと支援団体間の連携を図っている」(フードバンク岡山)

「行政や社会福祉協議会と月1回、その他の支援団体とは年3回、協議する場を設けている」(フードバンクかごしま)

「支援団体との打ち合わせを年2回開催している。生活困窮者自立支援事業の受託団体の会も結成した」(フードバンクふじのくに)

このように、フードバンクは支援団体等との間で連携するために、随時または定期的な打ち合わせや協議の場を持っていることが確認された。一方で、施設・支援団体から見たフードバンクとの関係性については、第3節で明らかにしたい。

(3) フードバンクと生活困窮者支援の接近

フードバンクと支援団体等との関係性に変化をもたらすことになった契機として、2013（平成25）年12月に施行された生活困窮者自立支援法が挙げられる。同法にはフードバンクを事業として実施する規定は盛り込まれなかったが、同法施行後に立ち上げられたフードバンク数はそれまでのフードバンクの数を上回っている[17]。

生活困窮者自立支援法の施行に伴って発出された「自立相談支援事業の手引き」[18]では、フォーマル・インフォーマルを含めたサービスの内、インフォーマルサービスとして「食材等を提供するフードバンクなどのサービス」が例示されている。さらに、社会福祉協議会は低所得世帯等に生活資金等を貸し付ける生活福祉資金貸付事業を実施しているが、「生活福祉資金貸付制度と生活困窮者自立支援制度との連携マニュアル」では、「緊急的な支援として、自立相談機関と連携して、生活福祉資金貸付に限らず、地域においてインフォーマルな資源（たとえば、緊急物資の支援など）の活用、開発など、地域づくりを行っていくことも必要である」[19]とされた。

これらの生活困窮者自立支援法にかかる手引きや連携マニュアルの中に、「食材等を提供するフードバンクなどのサービス」や「緊急物資の支援など」の提供が明記されることによって、フードバンクの持つ生活困窮者支援の一方策としての性格がより明確になり、フードバンクは社会福祉協議会との連携を築きやすいものとなっていく。

なかでも、セカンドハーベスト名古屋は「社会福祉協議会等との緊急食料支援協定」を結び、生活困窮者支援を行っている社会福祉協議会等との関係性を組織的なものにしている。その具体的な仕組みを図3-1に示す。

図3-1に示したように、来談者から食料支援の相談を受けた社会福祉協議会等が「食料支援が必要」と判断した場合、ファックスで来談者の状況等が記載

図3-1　セカンドハーベスト名古屋と社会福祉協議会等との緊急食料支援協定の仕組み

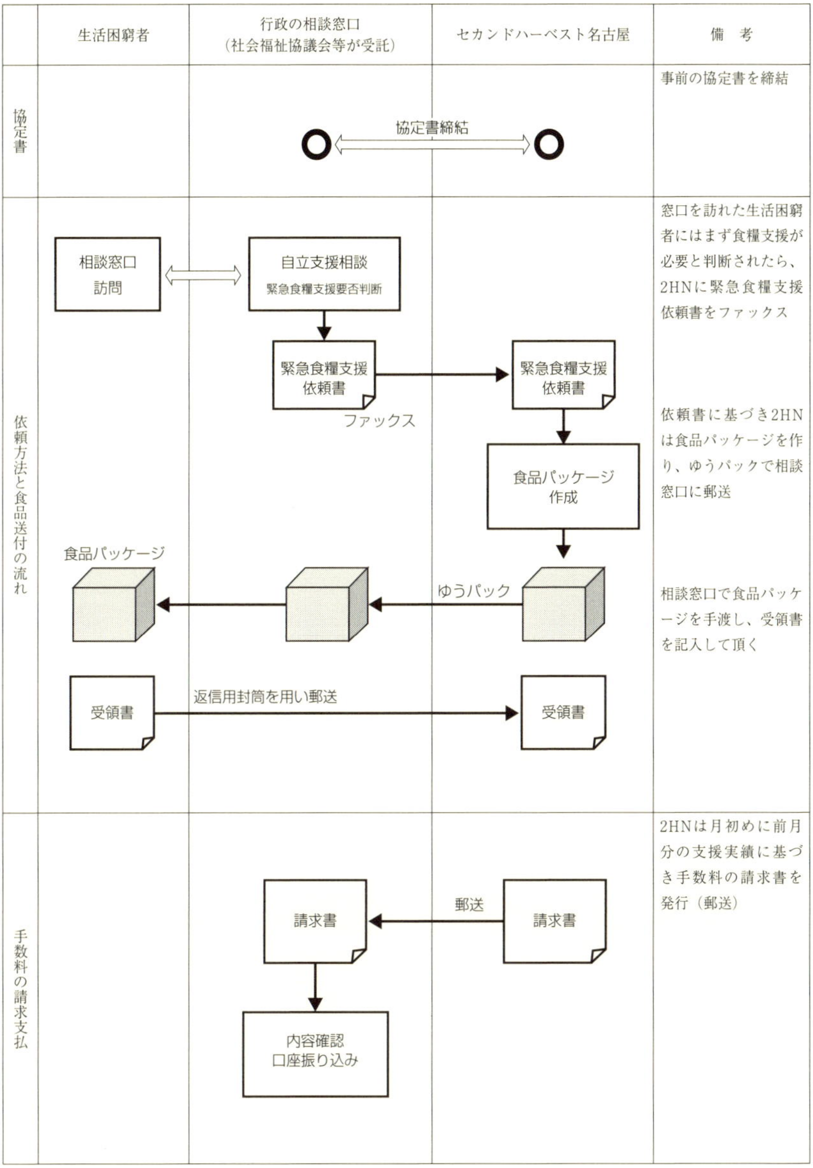

	生活困窮者	行政の相談窓口 （社会福祉協議会等が受託）	セカンドハーベスト名古屋	備　考
協定書		協定書締結		事前の協定書を締結
依頼方法と食品送付の流れ	相談窓口 訪問 食品パッケージ 受領書	自立支援相談 緊急食糧支援要否判断 緊急食糧支援 依頼書 ファックス 返信用封筒を用い郵送	緊急食糧支援 依頼書 食品パッケージ 作成 ゆうパック 受領書	窓口を訪れた生活困窮者にはまず食糧支援が必要と判断されたら、2HNに緊急食糧支援依頼書をファックス 依頼書に基づき2HNは食品パッケージを作り、ゆうパックで相談窓口に郵送 相談窓口で食品パッケージを手渡し、受領書を記入して頂く
手数料の請求支払		請求書 内容確認 口座振り込み	郵送 請求書	2HNは月初めに前月分の支援実績に基づき手数料の請求書を発行（郵送）

注：図中の2HNはセカンドハーベスト名古屋の略称である。
提供：セカンドハーベスト名古屋　本岡俊郎理事長（聴き取り調査当時）

された「緊急食糧依頼状」をセカンドハーベスト名古屋に送信する。その翌日にはセカンドハーベスト名古屋から相談機関に食料パッケージが配送される。セカンドハーベスト名古屋は、食品パッケージ1個につき1,500円を社会福祉協議会等に対して翌月請求するという仕組みである。

セカンドハーベスト名古屋では、すでに愛知県・岐阜県・三重県内の3か所の自治体および69か所の社会福祉協議会等と協定を結んでおり[20]、フードバンクと社会福祉協議会との連携にあたって一つのモデルとなっている。

2　施設・支援団体からみたフードバンク

本節では、施設・支援団体が利用者に対して、どのようにして食料支援を行っているか等について尋ねたアンケート調査結果に基づいて検討を加える。

調査は、特定認定非営利活動法人フードバンク関西から食料の提供を受けている福祉事務所、社会福祉協議会、施設および支援団体の合計104か所を対象に、フードバンク関西を通じて留置き式アンケート票を郵送して実施した。アンケート票は2016年10月に送付し、同年11月末までアンケート票の返送を受付けた。回収数は53通、回収率は50.9%であった。

以下、調査結果を概観していく。なお、図表の作成にあたって立命館大学大学院先端総合学術研究科・角田あさな氏の協力を得た。

(1) 施設・支援団体が利用者に食料支援を行う目的はなにか

図3-2　利用者に食料支援を行う目的

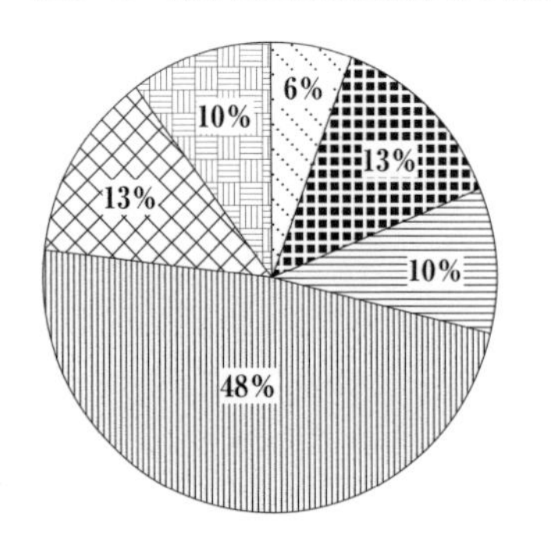

- 生活保護支給開始までのつなぎとして
- 生活保護受給世帯の臨時的需要に応えるため
- 生活困窮者自立支援法に基づく相談者への一時的支援として
- 支援団体・施設利用者の恒常的な生活支援に役立てるため
- 支援団体・施設と利用者の関係の潤滑化をはかるため
- その他

利用者に食料支援を行う理由として最も多かった回答は、「施設・支援団体の利用者に対する恒常的な生活支援」と「支援団体・施設と利用者との関係の潤滑化」で、合わせて61％を占める。また、「生活保護世帯の臨時的需要に応じる」・「生活保護申請世帯の保護受給までのつなぎ」といった、生活保護申請後保護費支給までの世帯や生活保護受給世帯への支援を目的とするものが合わせて19％あった。

この結果から、フードバンク関西からの食料支援は、主に、施設・支援団体と利用者との関係性を維持・強化するために用いられていること、あるいは、生活保護受給世帯の臨時的需要や保護申請から支給までのつなぎとして食料支援が行われており、生活保護制度とフードバンクによる食料支援が密接な関係性を持っていることがうかがえる。

(2) 施設・支援団体は利用者に対してどのような基準で食料を配布しているか

図3-3　食料を配布する際の判断基準

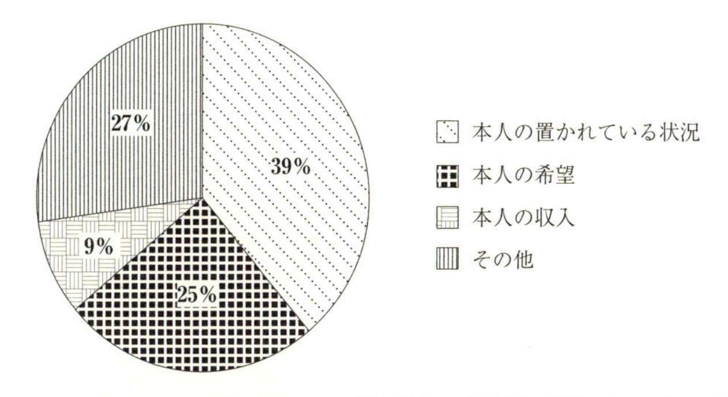

フードバンク関西では、利用者に食料を提供する際の判断基準を個々の施設・支援団体にゆだねているが、施設・支援団体が利用者に食料を支援する判断基準は、「利用者本人の置かれている状況」が最も多い39％を占める。「本人の収入」を基準とする回答は9％に過ぎなかった。食料支援は、利用者の収入基準よりむしろ施設・支援団体の職員から見た利用者の状況や利用者本人の希望に基づいて行われていることがわかる。

また、27％を占める「その他」には、自由記述によると、「（食料は）利用者に公平に配分している」、「利用者同士で公平に配分している」と、施設・支援団体による利用者への公平な食料提供が意識されている。

(3) 施設・支援団体は利用者に対してどのような方法で食料を配布しているか

図3-4　食料配布の方法

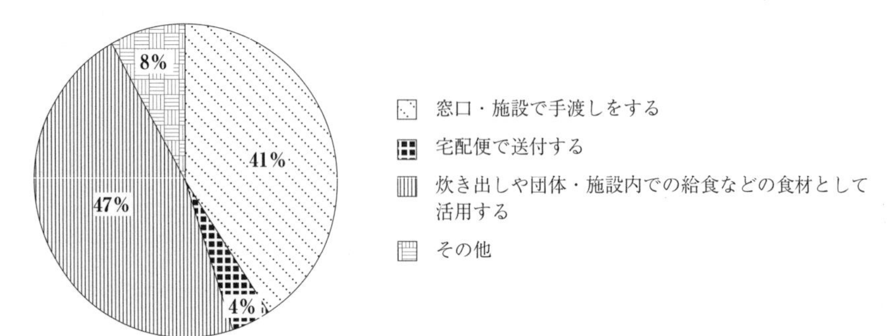

食料配布の方法として、利用者に対する「窓口での手渡し」が最も多い41%で、「宅配便による食料の送付」の4%を合わせると45%であった。施設・支援団体内での「炊き出しや給食等の食材として活用する」が47%であり、食料を支援する方法と食材として活用する方法がおおむねそれぞれ半分ずつであった。

この結果は、回答した施設・支援団体が「相談窓口で利用者に食料支援を行っているのか」、それとも「施設内で利用者に食料支援を行っているのか」によって異なることを反映するものと考えられる。

(4) 施設・支援団体は利用者に対してどれくらいの頻度で食料を支援しているか

図3-5　食料配布の頻度

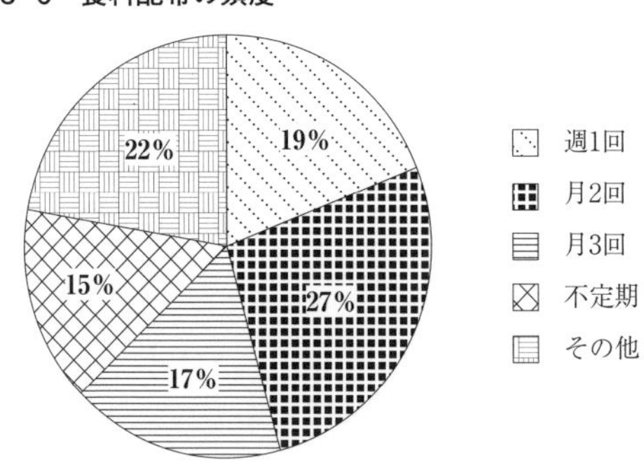

利用者に対する食料支援の頻度には施設・支援団体によってばらつきがあり、月2回が27%と最も多く、それ以外の頻度を合わせると「定期的に行っている」という回答が63%を占める。一方で、「不定期に行っている」が15%あった。

第3節で述べるように、利用者に対して、定期的に食料支援が行われている場合が最も多い比率を占める理由として、利用者が固定化する傾向を表していることが考えられる。

(5) 利用者が食料を受け取る際に支払い等をしているか

図3-6　利用者が食料を受取る際の支払等

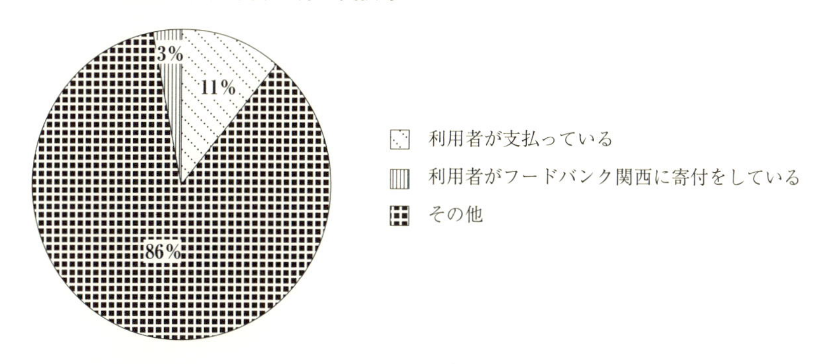

食料を提供された利用者からの支払いについては、「利用者が支払っている」が11%に留まり、「その他」が86%を占める。自由記述によると、「利用者は原則無料」、「施設退所者からは1回につき100円を預かり、年1回フードバンクに寄付をしている。施設入所者は無料である」、「施設がフードバンクに賛助会費を支払っている」等の記載があった。

フードバンク関西では、利用者からの支払い等については個々の施設・支援団体の判断にゆだねており、それぞれの施設・支援団体では利用者の状況に応じてさまざまな対応がなされている。

(6) 施設・支援団体とフードバンク関西はどのような関係か

次に、施設・支援団体とフードバンクとの関係であるが、食料を受け取るたびにフードバンクに支払いをする施設・支援団体はなく、「フードバンク関西

図3-7　フードバンク関西との関係

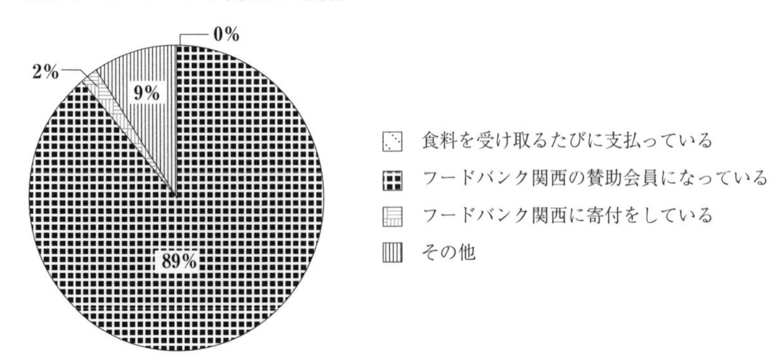

の賛助会員になっている」が89%を占める。「その他」として自由記述によると、「利用者の好意で集まったお金は、ある程度集まった時に2～3年に1度位の頻度で、フードバンク関西に寄付している」という記述があった。フードバンク関西では、食料を提供している施設・支援団体に任意で賛助会員になることを推奨しており、施設・支援団体もこれにこたえるという形を取っているところが見受けられた。

(7) 施設・支援団体は食料の量や種類についての利用者の要望をどのような方法で把握しているか

図3-8　利用者の食料の種類や量についての要望の把握方法

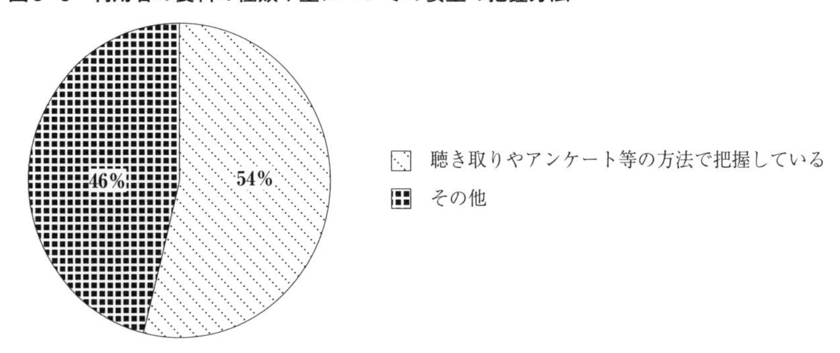

過半数の施設・支援団体では、利用者からの食料の種類や量についての要望をアンケートや聴き取りによって把握している。また、「その他」には、自由

記述によると、「受け渡しの時に、（利用者の）希望を聞きながら調整し、職員が把握する」、「（利用者との）毎日の関わりの中で把握している」、「食料を無駄にしないために、施設で返品カゴを用意して、返品された食料等は他の世帯が自由に取れるようにしている」、「頂いたものを余らさない様に献立を考え工夫している」、また、「（主に）食材の管理者である栄養士や直接処遇職員等による意見を聞いて把握する」等があった。

利用者への食料支援にあたっては、利用者からの要望のほかに、施設・支援団体の職員による判断が重視されていることがうかがえる。

一方、「フードバンク関西との取り決めにより、約1週間分の食料を提供している」というように、食料の量・内容がフードバンク関西との協定によって決められている場合もある。

図3-9に示すように、フードバンク関西では、兵庫県芦屋市社会福祉協議会および兵庫県尼崎市市民福祉振興協議会（聴き取り調査当時）と「食のセーフ

図3-9　フードバンク関西による「食のセーフティネット事業」の仕組み

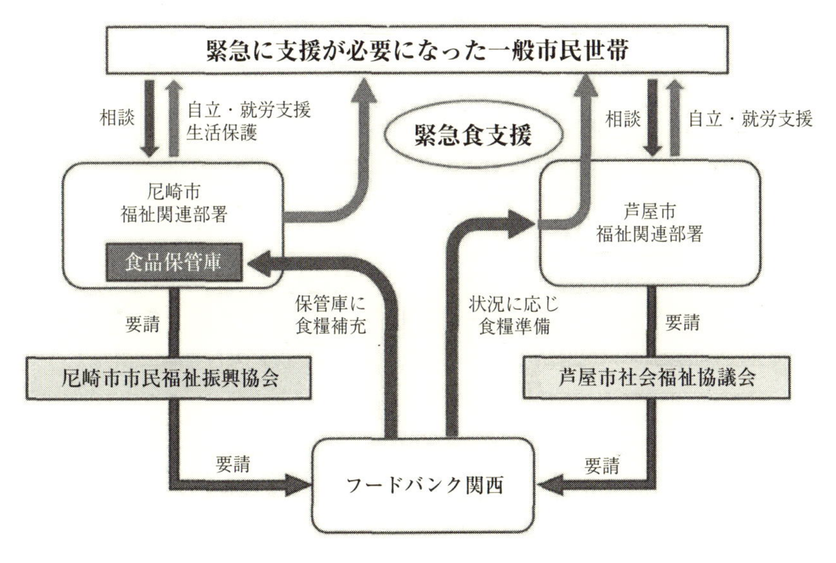

出所：フードバンク関西（2013）独立行政法人福祉医療機構　社会福祉振興助成事業助成事業報告書」[21] 9頁より引用
注：尼崎市市民福祉振興協会は聴き取り調査当時。

ティネット事業」に関する協定を結んだ経過がある。具体的には、芦屋市および尼崎市の福祉関連部署が「食料支援の必要な市民」を発見した場合に、両協議会を通してフードバンク関西に緊急食料支援を要請する。要請を受けたフードバンク関西は両協議会からの利用者に関する情報をもとに食料を用意し、職員に食料を受け渡して、利用者に食料支援を行うという仕組みである。

フードバンク関西による「食のセーフティネット事業」は、福祉医療機構が国庫補助金で行っている単年度の社会福祉振興助成事業として採択されたものである。

なお、福祉医療機構社会福祉振興助成事業によるフードバンク団体に対する助成は、2010年度にフードバンク山梨に対して行われたことを皮切りに、2015年度までの6年間に計19件を数える[22]。

(8) フードバンク関西への要望等について

図3-10 フードバンク団体への要望

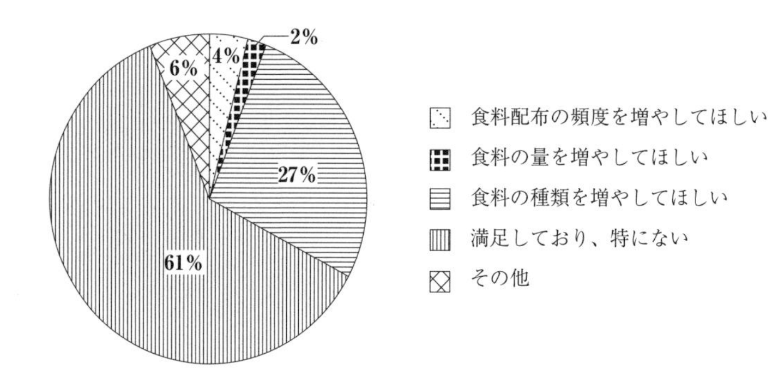

施設・支援団体からのフードバンク関西に対する要望事項として、「満足しており、特にない」が61%を占めるが、3割近くは「食料の種類を増やしてほしい」と回答している。増やしてほしい食料の種類として、「米」、「菓子」、「インスタント食品や保存可能な物」、「パン」、「肉、魚類」、「果物」が挙がっている。一方で、「パン類の提供量が多いため、消費期限内での活用が難しいことが有ります」という記述があった。

今回のアンケート調査では尋ねられていないが、これらの回答の背景として、フードバンク関西による食料支援の目的が、利用者に対する「緊急時の食料支援」か、あるいは「恒常的な食料支援」かによって、食料の量や種類に対する要望事項が異なってくると思われる。

(9) 施設・支援団体は食料支援によって利用者がどのように変化したと感じているか

この項目は自由記述によって尋ねている。食料支援の効果として施設・支援団体の職員が感じていることを大きく分けると、「支援の深まり」、「利用者の精神的安定」、「生活費の節約」の3つに分類される。

「支援の深まり」では次の記述があった。

「食料を取りに来るついでに支援スタッフと話をしたり、相談しやすい状況になっている」

「『食』以外の課題に本人が気付いて考えられるようになった（次の支援につなぎやすくなる）」

また、「利用者の精神的安定」では、子ども食堂から、

「情緒的課題がある子どもは『食』そのものが不安定で、偏食または親が同じメニューしか作れず、片寄った食生活を余儀なくされているケースが多く有ります。子ども達が毎週食堂に来るように、食の大切さを知り、多種の野菜や料理を食べられるようになりました」

という回答があった。

そして、「生活費の節約」では次の記述が見られた。

「生活資金が不足している場合でも食事をとることができている。食料品の受取により生活費の節約ができている」

「個々の食料に使用する金額は減っているのは間違いないと思われる」

「金銭的に少し余裕ができたため余暇に利用できるようになった」

このように、「生活費の節約」、「食費の減少」や「金銭に少し余裕ができた」という施設・支援団体職員の指摘には、フードバンクの利用によって「経済面

の変化」が見られるとした松本（2017）の研究と同様の結果が見られると言えよう。

(10) 国に対する要望等について

自由記述によると、フードバンク活動について国に対して次の要望があった。

「貧困対策法案（原文のママ）の中に食料支援を入れていただきたい」

「食が大切なので、現物支給できる良い方法を検討していただきたい」

(11) 自治体に対する要望等について

自由記述によると、フードバンク活動について自治体に対して次の要望があった。

「支援を必要とされている方々にとっては大変有り難く、この様な活動に対し、惜しみない援助をしていただきたい」

「社協がフードバンクと連携しつつある自治体が増えつつありますが、さらなる増加に努めてほしい。『そこに行けば……』という実際的支援・食料提供を自治体自体がすべきと思います」

このように、国と自治体に対する施設・支援団体からの要望事項として、フードバンク活動を生活困窮者対策の一つとして位置付けることを求める意見や自治体がフードバンク活動の周知とフードバンクのさらなる充実をはかることを求める意見が見られた。

以上、施設・支援団体へのアンケート調査結果を概観してきたが、その特徴として次の3点が挙げられる。

1点目は、フードバンクからの食料が、施設・支援団体と利用者との関係性を維持・強化することを主な目的として提供されていることである。つまり、利用者に対して継続的に食料支援を行うことによって、利用者が施設・支援団体からの支援を継続して受け入れる動機付けとなり、利用者と施設・支援団体とのつながりを強化する役割を果たしていることである。

2点目は、食料支援の基準が利用者の収入ではなく、おもに施設・支援団体の職員からみた利用者の状況や利用者本人の希望に基づいており、回数も一度きりではなく、複数回にわたって行われる傾向にある。

3点目は、生活保護受給世帯の臨時的需要や保護申請から生活保護費の支給までのつなぎとして食料支援が行われており、生活保護制度とフードバンクによる食料支援が密接な関係性を持っていることがうかがえることである。

ここで、密接な関係性を持っている生活保護制度とフードバンク活動の関係性について整理しておきたい。生活保護制度において、フードバンクからの食料支援はどのように扱われているだろうか。

一部の福祉事務所では、フードバンクから受け取った食料の市価の数十％相当額を収入認定し、（利用者世帯の）保護費から差し引いている事例が見受けられるが、この措置はフードバンク活動と生活保護制度の関係性にも関わってくる。

まず、生活保護法の趣旨から見て妥当かどうかという点である。昭和36年4月1日付厚生省発社第123号厚生次官通知「生活保護法による保護の実施要領について」によると以下、引用の通りである。

（問333）〔慈善的恵与物の取扱い〕

社会事業団体等からの慈善的給付が現物で支給されたときの取扱いはどうするか。

（答）　現物の恵与については、被贈与資産として取り扱われたい。したがって、最低生活の内容として保有を認められるものは収入として認定することなく、また、その限度を超えるものは、原則として処分させるべきである。

（問334）〔収入として認定しない社会通念上の程度〕

社会事業団体等からの慈善的恵与金として社会通念上収入として認定することが適当でないものというのは、どの程度のものを標準として判断すべきか。

（答）社会通念そのものは、全国に通用する概念もあれば、その地域ごとのものもあるので、必ずしも一定の線を示すことは困難である。（筆者中略）要はその地域において住民の一般が良識をもって承諾できるものであれば、保護の実施機関において判断して差し支えない。この判断に当たって考慮すべきことは、社会福祉事業法との関連においても明らかなように、社会保障制度の基盤をなす生活保護制度としては、社会福祉事業の伸長と積極的活動を当然期待し、助長すべきであり、かつ、慈善的恵与は社会的弱者に対する一般社会からの好ましい相扶共済のあらわれでもあるので、それが臨時的なものであり、かつ妥当な額である限り、できるだけその意図が活かされるように措置することは、法の原理原則からも認めてしかるべきであるというのがこの取扱いの趣旨である。

問答集に示されているように、原則としては、フードバンクから提供される食料は現物の恵与であることから、最低限度を超える場合に限って被贈与資産として取り扱われるという解釈が成り立つだろう。しかし、保護費の紛失や費消等による食費の不足を臨時的に補うことを目的としたフードバンクからの食料支援をもって、収入認定の対象とすることは再度、検討することが必要である。なぜなら、収入認定を行うことはフードバンクによる食料支援が生活保護制度を代替することを意味しているからである。しかし、「食料の困難経験」を救う食料支援は、生活保護制度を代替するものではなく、生活保護受給世帯の食を補完・充実させる役割を持つ。また、農林水産省が「ボランティア活動」として定義しているフードバンクによる食料支援は、社会福祉事業の一つにあたり、この意味でも収入認定を行うことには検討の余地があるだろう[23]。

次に、第3節では、社会福祉協議会、施設および支援団体を対象とした聴き取り結果を通じて、利用者と施設・支援団体との関係性について検討する。

3　施設・支援団体と利用者の関係性

本節では、施設・支援団体による利用者への食料支援の実際について、フードバンク関西から食料提供を受けている3つの組織（社会福祉協議会、施設および支援団体）からの聴き取り調査結果に基づいて明らかにしていきたい。調査は2015年11月から2016年5月にかけて実施した。聴き取り調査の対象は、①フードバンク関西から食料提供を受けている社会福祉協議会担当職員、②Domestic Violence等の被害にあった母子を支援する施設職員、③女性と子どもを支援する特定非営利活動法人の職員である。以下、聴き取り内容について述べていく。

(1) 社会福祉協議会のケーススタディ

調査は2016年5月、フードバンク関西から食料提供を受けている社会福祉協議会（以下、Ｘ社会福祉協議会と称する）の担当職員からの聴き取りによって実施した。以下、聴き取り調査結果について述べていく。

○フードバンク関西から食料の提供を受けることになった経緯

Ｘ社会福祉協議会は、2014年4月、フードバンク関西・Ｘ社会福祉協議会・Ｘ市の三者間で「要援護者食糧等分配支援事業」にもとづく協定を締結したことを契機としてフードバンク関西の食料支援に関わるようになった。

○「要援護者食糧等分配支援事業」の仕組み

事業は、Ｘ市に在住する緊急に食料支援を必要とする者を対象にしており、行政（福祉事務所）、地域包括支援センターおよび自立相談支援機関等の福祉関係団体からの食料支援要請をＸ社会福祉協議会が受付けて、フードバンク関西に食料提供を依頼する。食料は支援要請を行った機関がフードバンク関西の倉庫に取りに行き、利用者に手渡すという仕組みである。食料の内容は1～2週間分の米、非常食や備蓄品等で、原則として1回限りで提供している。

○食料支援の対象者

生活保護受給者は原則として対象としていないが、これまでの食料支援実績は6割から7割がＸ市福祉事務所からの申請によるものであった。申請の理由は、保護費の紛失や家計管理が不十分であったことによる食費

（保護費）の不足がほとんどであった。それ以外は、生活保護申請から保護費が支給されるまでの間のつなぎとしての食料支援である。

生活保護受給世帯に対する食料支援の割合は多くを占めるが、それ以外にも、生活困窮者自立支援法に基づく相談窓口や地域包括支援センターからの申請に対応したこともある。一つは、相談窓口に来所した男性が離職に伴って生計困難に陥り、食料を購入できなくなったため緊急の食料支援を行った事例である。もう一つは、地域包括支援センターからの連絡によって、食事を摂らないというセルフネグレクトのため栄養状態が悪化した高齢者世帯に食料支援を行った事例である。

○食料支援の効果

X社会福祉協議会としての食料支援の可否は、「利用者が次の支援サービスにつながるかどうか」をポイントにしており、あくまで「生活のつなぎ」と考えて食料支援を実施している。事業の流れでは、申請した関係機関等からX社会福祉協議会に対して食料支援後の経過報告を行うことになっているが、現段階では利用者の生活状況がどのように変化したか等を検証するに至っていないと感じている。

X社会福祉協議会はフードバンク関西から提供された食料を支援に活用するための要となる役割を果たしている。「要援護者食糧等分配支援事業」は、単年度で実施されている「食のセーフティネット事業」の一環であるが、今後の課題として、支援事例を蓄積し、支援効果を検証することに基づいた事業の継続性が挙げられよう。

また、社会福祉協議会によっては、「社会福祉協議会職員が食品を取りに来て、生活困窮者世帯に持って行き、相談のツールとして使っている」（フードバンクふじのくに）というように、職員が相談者の家庭訪問の際に、フードバンクの食料を提供するところもある。

さらに、社会福祉協議会自らがフードバンク活動を行っている事例も見られる。なかでも、沖縄市社会福祉協議会によるフードバンク活動の取り組みについて、以下、2017年3月に行った聴き取り調査結果に基づいて述べる。

○フードバンク活動を始めた経過

沖縄市社会福祉協議会では、生活困窮者支援と地域活動の活性化を達成するための方法として、社会福祉協議会独自でフードバンク活動を行っている。沖縄市では、旧盆に親戚間でお中元やお歳暮に食品を贈る風習が強く、その時期にあわせて「ひとり一品運動」として、フードバンク活動への寄付活動を展開している。

○フードバンク活動の実際

各世帯への食料提供のお願いを社会福祉協議会から自治会に伝え、各世帯に連絡してもらっている。食料は各世帯から公民館に届けてもらい、公民館から社会福祉協議会に送ってもらったり、社会福祉協議会職員が公民館に取りに行く。

食料提供先として、次の3つが挙げられる。1つは、食料を福祉事務所に届けて生活保護を受けるまでのつなぎとして提供する。2つは、沖縄市は独自事業の「子どもの居場所づくり事業」によって市内に8か所の子ども食堂等を運営しており、子ども食堂に食料を提供して食材として活用してもらっている。3つには、生活困窮者等の相談窓口であるパーソナルサポートセンターや福祉事務所生活保護課からの依頼で食料提供を行っている。

○フードバンク活動による支援効果

地域で孤立していたが、「社会福祉協議会に食料がある」と伝えたことがきっかけとなって支援につながった人がいる。具体的には、以前は生活保護の申請を拒否していたが、次第に職員に心を開くようになった事例である。

このように、市町村単位で設置されている社会福祉協議会には、地域における食のセーフティネット構築において要となる役割を果たすことが期待される。ただし、沖縄市社会福祉協議会のように社会福祉協議会自らがフードバンク活動を行うケースや、上述したセカンドハーベスト名古屋等のフードバンクと協定を結ぶ社会福祉協議会もある。社会福祉協議会自らがフードバンク活動を行うか、あるいは利用者を選定したり、食料を受け渡す窓口としての役割を果たすのか、地域の実情に見合ったかたちとなっている。

(2) 施設のケーススタディ

調査は2015年11月、Domestic Violence等の被害にあった母子を支援する施設（以下、Y施設と称する）において職員からの聴き取りによって実施した。以下、聴き取り調査結果について述べていく。

○フードバンク関西から食料の提供を受けることになった経緯

Y施設では、当初はフードバンク関西の存在を知らなかったが、フードバンク関西から食料提供の申し出があり、今日に至っている。

○食料支援の実際

食料提供は月2、3回受けており、Y施設の主催する食事会等のイベントでフードバンク関西から提供された食料を利用している。また、施設入所者および退所者に食料を提供している。施設入所者には無料で食料を提供している。退所者からは食料支援1回につき100円の利用料を負担してもらい、フードバンク関西の賛助金としている。

○食料支援の対象者

利用者の多くは生活保護受給世帯で、フードバンク関西からの提供食料を受け取りに来る利用者は施設入所者や施設退所後の近在者が中心のため、どうしても固定化する傾向にある。

○食料支援の効果

利用者にフードバンク活動の感想を聞くと、いろいろな人とのつながりの中で「応援されている」、「支えられている」と感じている。

フードバンク関西からの食料支援が利用者の心理面の支えになっている一方で、利用者の中には提供された食料で生活することが日常化してしまい、今のところ利用者の生活の「自立」という方向には十分につながっていないと感じている。生活保護を受けながら食料確保ができない世帯は、例えば借金等何らかの問題がある可能性もあるが、施設職員が多忙のため十分に事情の聴き取りができない現状にある。

(3) 女性と子どもの支援団体のケーススタディ

調査は2015年11月、女性と子どもを支援する団体（以下、Z支援団体と称する）において職員からの聴き取りによって実施した。以下、聴き取り調査について述べていく。

○フードバンク関西から食料提供を受けた経過

Ｚ支援団体がフードバンク関西から食料の提供を受けることになったきっかけは、Ｚ支援団体の職員がフードバンク関西の活動報告を聞き、食料の提供を依頼したことがきっかけである。

○食料支援の実際

フードバンク関西からはＺ支援団体が運営するシェルターへ月に2回、米・パン・冷凍食品等が配送されて来る。また、シェルターを退所した世帯にも食料を提供している。月１回の配送につき配送料込みで利用者から500円をいただいている。「無料というのは施しみたいで嫌だ」と考える利用者も多いためである。

○食料支援の対象者

現在、シェルターを退所した後も食料支援を継続している世帯は17世帯あり、そのうち８世帯は生活保護受給世帯である。Domestic Violence等の被害から回復が十分でなく、うつ症状等から家事を十分にできないため、弁当を購入することに頼りがちで食費がかさむことがある。その結果、家計管理が十分でない家庭が少なくない。

○食料支援の効果

多くのDomestic Violence等の被害者は「見捨てられた」という感情を持つが、食料支援を受けることで、「社会から見捨てられていなかった」と感じている。子どもたちも「プレゼントが来た」と喜んでいる。

しかし、自立して「もう大大丈夫」となった家庭はまだない。食料支援を行うことによって、「世帯がどのようにして生活費のやりくりをしているか」、「どのような食生活をしているか」等まではＺ支援団体として把握していない。

以上、フードバンク関西から食料の提供を受けている社会福祉協議会、施設および女性と子どもの支援団体からの聴き取り調査結果を概観してきた。その結果として、次の3点が明らかになった。

1点目は、食料支援を行う方法や利用者を選定する基準等は、社会福祉協議会、母子を支援する施設および女性と子どもの支援団体のそれぞれで異なっていたことである。しかし、それは固定的なものではなく、利用者の伴走支援を行っている施設・支援団体の職員によって柔軟に対応されていることである。

2点目は、フードバンク関西が「食のセーフティネット事業」を実施していることによって、食料支援の対象を生活困窮者に限定していないことである。具体的には、相談窓口や地域包括支援センター等が把握した、地域における「食料の困難経験者」を対象とした食料支援が行われていた。

そして、3点目には、利用者に対する食料支援の効果について、社会福祉協議会、施設および女性と子どもの支援団体とも、現在のところ十分には把握できていないということである。

フードバンクによっては、「利用者にアンケートを取り、(食料支援が) 自立につながったかを聞いている」(フードバンクふじのくに) や「支援団体の相談員へのアンケート調査を行い、利用者に対する食料支援の効果を測定している」(セカンドハーベスト名古屋) のように、フードバンク自らが食料支援後の利用者の状況を把握しようとしているところも見受けられる。しかし、利用者の伴走支援を行っている施設・支援団体には、食料支援が利用者の生活に対してどのような効果を持っているかを検証し、検証結果をフードバンクにフィードバックすることが求められるだろう。

むすびにかえて

(1) 食料支援を包摂した支援の持つ可能性

フードバンクや子ども食堂による食料支援については、「生活に困窮し、食にも事欠く人々に対する応急措置」[24]と捉える見方もある。確かに、十分な所得保障によって生活困窮者が食料を確保することは不可欠である。

しかし、これまで見てきたように、フードバンクによる食料支援は、生活困窮者支援において他の支援や次の支援とも相まった包摂的な支援を行うことができるという特徴を持つ。

政府が主導して全国的に整備された韓国のフードバンクについては、第6章に詳述されているが、キム・フンズらは韓国におけるフードバンク活動の展開について、「食料の供給は地域の様々な福祉サービスと連携し統合される際にシナジー効果がある」[25]と指摘している。

この指摘は日本に示唆的である。沖縄市で展開されている「子どもの居場所つくり事業」の取り組みでは、子ども食堂に食材を提供するだけでなく、子ども食堂で学習支援等を行っているところがあると報じられている[26]。また、フードバンク活動を行う沖縄市社会福祉協議会での聴き取り調査では、「（食料支援をきっかけに）支援につながった人がいる。具体的には、以前は生活保護の申請を拒否していたが、次第に職員に心を開くようになった」という結果が見られた。

これらの取り組みは、フードバンク活動による食料支援をきっかけにほかの支援と連携し、接合されているすがたと言えるだろう。このように、食料支援を入口とした生活困窮者支援を組み合わせることの有効性は決して小さくない。

(2) フードバンクに内在する限界

フードバンクで取り扱われる食料等の種類は、それぞれのフードバンクの持つ設備、スタッフの数や食料等の寄贈元等によって異なってくる。

「生鮮品は扱いが難しいため、受け入れていない」（セカンドハーベスト・ジャパン、聴き取り調査当時）

「大手スーパーマーケットに直接、配送ボランティアが野菜類を取りに行く」（フードバンク関西）

このように、フードバンクによって野菜等の生鮮食品の取り扱いへの対応は異なってきている。その一方で、「日本人の食生活の内容を規定する社会経済的要因に関する実証的研究・分担報告書」2014（平成25）年によると、低所得世帯は食費の節約に関心を持っていても、健康に配慮した食事への関心が低い傾向にあることが報告されている[27]。

つまり、フードバンクによる食料支援の対象となっている生活困窮者には、食物繊維やビタミン類等が多く含まれる野菜や果物等といった健康に配慮した食料が必要とされることになる。しかし、個々のフードバンクに寄贈される食料等には限界があり、利用者に支援する食料の種類や栄養価等についてまでは考慮できないという現実的な問題が生じている。

「おむつとミルクは要望が多いが、なかなか寄付されないため、購入して送った」（フードバンク山梨）

このように、個々の利用者の状況にそって利用者のニーズに応えようとすればするほど、フードバンクは寄贈品だけで支援を行うことに困難を感じている。つまり、フードバンクに内在する生活困窮者支援における限界は、フードバンクへの寄贈品だけでは生活困窮者に必要な食料支援等を果たせない点にある。

第3節では、フードバンクによる食料支援の効果を明らかにするために、施設・支援団体が食料支援後の利用者の状況について把握することの必要性について述べた。同時に、施設・支援団体が利用者の食に対するニーズを把握し、フードバンクにフィードバックすることによって、後述するようにフードバンクが日本におけるフード・セキュリティの構築において重要な社会資源と位置付くことができるだろう。

(3)「食料安全保障」定義の再考

農林水産省は「食料安全保障」の定義を「予測できない要因によって食料の供給が影響を受けるような場合のために、（筆者中略）いざというときのために日頃から準備をしておくこと」[28]としている。たしかに、災害等の事態に備えて食料の備蓄・提供システムを整備することは欠かすことはできない。しかし、本章のはじめに述べたように、現在の日本では男性の35.5%、女性の40.6%が過去1年間に「経済的な理由で食物の購入を控えた」・「購入できなかった」経験があると答えている。

そして、フードバンク関西による「食のセーフティネット事業」では、対象者を生活困窮者だけに限定せず、セルフネグレクトの見られた高齢者世帯といった食料の困難を経験した一般市民世帯にまで普遍化していた。この取り組みが示すように、生活困窮者を含む地域住民が食料の困難経験に面したとき、とりわけ、所得が食料を入手する手段として機能しない場合において、フードバンクによる支援は食料に対するアクセサビリティを高める手段となる。

上述したように日本における「食料安全保障」は、「いざというときのために日頃から準備をしておくこと」と国レベルにおいて捉えられている。しかし、今、この定義を地域レベルおよび世帯レベルのものとして再考する時期に来ているのではないだろうか。そして、その際に、フードバンクの役割を生活困窮者をも包摂した国民のフード・セキュリティの向上に資するものとして捉えなおす必要がある。その際に、国および自治体がフードバンクの継続的な活動と全国的な展開に対する支援をどのように行うか等について検討することは喫緊の課題と言えるだろう。

＊本章は、佐藤順子（2017）「フードバンクと生活困窮者支援」『貧困研究』第18号：96-102、明石書店、および、佐藤順子（2016）「日本におけるフードバンク活動の現在」『佛教大学福祉教育開発センター紀要』第13号：201-216を大幅に加筆したものである。

注

1 大原悦子（2016）『フードバンクという挑戦——貧困と飽食のあいだで』岩波書店。

2 公益財団法人流通経済研究所（2019年）「国内フードバンクの活動実態把握調査及びフードバンク活用推進情報交換会実施報告書」（http://www.maff.go.jp/j/shokusan/recycle/syoku_loss/attach/pdf/161227_8-38.pdf）2018年1月5日最終閲覧。

3 農林水産省食料産業局バイオマス循環資源課食品産業環境対策室「食品ロス削減に向けて—— NO FOODLOSS PROJECT の推進」平成26年12月。

4 農山漁村6次産業化対策事業実施要綱（平成24年4月20日付23食産第4049号農林水産事務次官依命通知）及び食品ロス削減等総合対策事業実施要領（平成26年4月1日付25食産第4567号食料産業局長通知）並びに農山漁村6次産業化対策事業補助金交付要綱（平成24年4月20日付23食産第4051号農林水産事務次官依命通知）に基づく平成27年度農山漁村6次産業化対策事業食品ロス削減等総合対策事業に係る公募要領より。

5 平成26年厚生労働省「国民健康・栄養調査報告」（2016年3月）（http://www.mhlw.go.jp/bunya/kenkou/eiyou/dl/h26-houkoku.pdf）。

6 2012年社会保障・人口問題基本調査「生活と支え合いに関する調査報告書」（2014年）（www.ipss.go.jp/ss-seikatsu/j/2012/seikatsu2012summary.pdf）2018年1月5日最終閲覧。

7 角崎洋平（2017）「社会保障システムにおける食料保障――フードバンク事業の社会政策的側面での意義と可能性についての考察」貧困研究会『貧困研究』第 18 号：88、明石書店。
8 公益財団法人流通経済研究所（2019 年）「国内フードバンクの活動実態把握調査及びフードバンク活用推進情報交換会実施報告書」（http://www.maff.go.jp/j/shokusan/recycle/syoku_loss/attach/pdf/161227_8-38.pdf）2018 年 1 月 5 日最終閲覧。
9 「食を分かち合える社会をめざす・山梨県 NPO 法人　フードバンク山梨」2011 年 5 月『月刊福祉』：74–77。
10 山口浩平（2010）「フードバンクは環境と福祉の隙間を埋める――生協ひろしまと NPO 法人あいあいねっとの連携」『生活協同研究』第 417 号：50–57、生協総合研究所。
11 菊池謙（2013）「フードバンク活動を通じた地域の協同の取り組み」『協同組合研究』第 32 巻第 2 号、日本協同組合学会。
12 岡井康二、岡井紀代香（2008）「貧困・格差社会とフードバンク・システムの意義」『大阪薫英女子短期大学研究紀要』第 43 号：49–57。
13 株式会社三菱総合研究所（2010）「平成 21 年フードバンク活動実態報告書」。
14 小林富雄（2015）『食品ロスの経済学』農林統計出版。
15 松本亨（2017）「生活の質から見たフードバンクの受益者への影響評価」公益財団法人福岡県リサイクル総合研究事業化センター「食品ロス削減研究会」平成 27 年度研究成果報告書。
16 佐藤順子（2016）「日本におけるフードバンク活動の現在」『佛教大学福祉教育開発センター紀要』第 13 号：201–216。
17 公益財団法人流通経済研究所（2019 年）「国内フードバンクの活動実態把握調査及びフードバンク活用推進情報交換会実施報告書」（http://www.maff.go.jp/j/shokusan/recycle/syoku_loss/attach/pdf/161227_8-38.pdf）2018 年 1 月 5 日最終閲覧。
18 厚生労働省社会・援護局地域生活課生活困窮者自立支援室　2014（平成 26）年 9 月 26 日付「自立支援事業の手引き」：13。
19 厚生労働省社会・援護局地域福祉課発各都道府県並びに指定都市並びに中核市生活福祉資金貸付担当主幹部局長並びに生活困窮者自立支援制度主管部局長宛て通知 2015（平成 27）年 3 月 17 日付「生活福祉資金貸付制度と生活困窮者自立支援制度との連携マニュアルの発出について」。
20 セカンドハーベスト名古屋（2016）「行政と連携した生活困窮者への食品支援事業報告書」。
21 フードバンク関西（2013）「独立行政法人福祉医療機構社会福祉振興助成事業助成事業報告書」。
22 独立行政法人福祉医療機構　社会福祉振興助成事業助成事業　e- ライブラリー（http://www.wam.go.jp/Densi/kikin/eJoseiLib）2018 年 1 月 5 日最終閲覧。
23 なお、2019 年 4 月 1 日から、以下、適用されることとなった。「子ども食堂やフードバンクの取組の趣旨に鑑み、原則、収入として認定しないこととして差し支えない。なお、保護費を生活保護の趣旨目的に反する用途に使用することで、過度にフードバンクを利用するなど、家計管理が困難な世帯については、適切に家計の管理を行うよう助言指導をされたい」（問 8 – 38 – 2 の答）（『生活保護手帳 別冊問答集 2018 年度版』追補　318 ページより引用）
24 杉本貴志編・全労済協会監修（2017）『格差社会への抵抗』日本経済評論社：42。
25 キム・フンズ、イ・ヒョンジョン（2013）「フードバンク事業と食品の連帯、その可能性と限界」『韓国社会』高麗大学校韓国社会研究所 14 巻 1 号：31–71（立命館大学先端総合学術研究科、アン・ヒョスク訳）。
26 琉球新報社　2016 年 1 月 12 日付記事「ご飯、友達、勉強『楽しい』子ども食堂沖縄市にオープン」。
27 2014（平成 25）年厚生労働省科学研究成果「日本人の食生活の内容を規定する社会経済的要因に関する実証的研究」。
28 農林水産省ウェブサイト（http://www.maff.go.jp/j/zyukyu/anpo/1.html）2018 年 1 月 15 日最終閲覧。

コラム

熊本地震においてフードバンクはどのような役割を果たしたのか
――フードバンクかごしまの事例をもとに

後藤　至功

1　熊本地震の発生

2016年4月14日21時26分、熊本県熊本地方にてマグニチュード6.5の地震が発生（以下、「熊本地震」）、熊本県上益城郡益城町（以下、「益城町」）で震度7を観測した。2日後の4月16日1時25分には、再び、同地方にてマグニチュード7.3の地震が発生し、益城町にて最大震度7を観測、甚大な被害が熊本県および大分県にもたらされた。

熊本県では、この地震により死傷者約2,900人、約18万6千棟の家屋が住宅被害を受けた（2017年2月末現在）。そして、発災の翌日以降、最大855か所の避難所が開設され、約18万人の避難者が発生した。また、熊本地震は2004年の新潟中越地震同様、度重なる余震の多さが特徴であるが、この影響により、多くの避難者は自宅に戻ることができず、避難所生活が長期化する要因となった。

国は熊本県内45市町村に災害救助法を適用し、併せて激甚災害の指定、特定非常災害の指定の公布・施行を行い、5月13日には、大規模災害からの復興に関する法律に基づく非常災害の指定の公布・施行がなされている。

2　熊本地震におけるフードバンク団体の支援活動

この熊本地震において、フードバンク団体ははたして、どのような役割を果たしたのか。本稿では、実際に熊本地震の支援活動に携わったNPO法人フードバンクかごしまのヒアリング内容を振り返りながら考察したい（2017年11月24日、フードバンク代表理事の原田一世氏に対しヒアリングを実施）。

団体名	NPO法人フードバンクかごしま	代表者名	原田　一世　氏
設立年月	2011年3月（法人認可取得）	食品取扱量	約350トン（2015年度）
活動概要	2011年3月に発生した東日本大震災をきっかけに、鹿児島でも災害発生時の備えとしてフードバンクの必要性を感じ設立。フードバンク活動を通じて、食品ロスの削減や福祉の向上を目指すとともに、有事に備え、食品やボランティアの確保を行っている。現在は、約80か所の福祉施設や生活困窮者団体に食料を届けている。		

(1) 発災時の対応

日時	動き・対応
4月14日	・熊本県熊本地方にてマグニチュード6.5（暫定値）の地震が発生（鹿児島県においても緊急地震速報が通知される）。
4月15日	・熊本県庁の危機管理課へ架電。熊本県庁では、当時、被害状況の把握が行われている段階であり、喫緊の判断ができる状況ではなかった。フードバンクかごしまとして食料供給の支援を打診（いつでも支援ができる状態であることを伝達）。
4月16日	・1時25分、同地方にてマグニチュード7.3（暫定値）の地震が発生。 ・5時頃、熊本県人事課より入電。至急、何か物資を持ってきてほしいとのこと。物資を社用車に積み込み、道路状況は不明のまま出発。高速道路が閉鎖・通行止めであったため、下道を通って11時頃、熊本市内に到着。熊本県庁より物資置き場となっていた熊本県立技術短期大学へ向かうよう指示あり。 ・13時半頃、上記大学に到着。当時、大学は避難所になっていたが被災者が避難してこなかったため、物資置き場として活用されることになった。管理において十分な体制下でなかったため、物資の半分を納入することになった。 ・フードバンクかごしまだけでは対応できないと考え、現地の状況報告と支援依頼をセカンドハーベスト・ジャパンに行った。 ・フードバンクかごしまの事務所では、指令本部が立ち上がり、鹿児島市内の食料を取り扱っている企業や団体に協力依頼、資金協力依頼が行われる。
4月18日	・全国フードバンク推進協議会より連携の打診あり。全国のフードバンク団体との協働・連携の動きが模索される。
4月19日	・「熊本地震・支援団体火の国会議」に参加。ニーズの把握および情報収集・共有を行う。また、本会議出席者（支援者）に対しての食料供給を行う。
4月21日頃～5月初旬	・フードバンクかごしまの倉庫内の備蓄物資が底を尽きる。空いた倉庫をセカンドハーベスト・ジャパンに貸与する。
5月10日～	・WWF（世界自然保護基金）ジャパンが熊本駅付近にテントを設置。このテントの管理をセカンドハーベスト・ジャパンが行う。フードバンクかごしまとしてはセカンドハーベスト・ジャパンの側面的支援を行う（約3か月）。

フードバンクかごしまでは、本震といわれる4月16日時点で食料の物資配送を行っている。この時点での物資は、初期フェーズであるので、調理を必要としない品目（菓子や飲料水等）を持参し、納入している。発災直後の初期フェーズでは、ライフライン（水道・電気・ガス）が止まる可能性が高いことから、調理不要の食料が有効であり、セカンドハーベスト・ジャパンも16日深夜、4トントラックに物資を積み込み、熊本県に向けて出発しているが、その際の食料としては、調理不要の缶詰パンやアルファ化米等であった。

熊本県の要請によりセカンドハーベスト・ジャパンとともに小国町へ物資を運んだ様子　　写真提供：フードバンクかごしま

また、フードバンクかごしまの場合、元々、フードドライブによる食料確保ではなく、企業に対し食料提供を呼び掛けており、一定のパレット単位での取り扱いを原則とし運営していた。このため、今回の初動においては企業から提供のあったパレット単位での食料を持参している。災害直後の初期フェーズでは、個人単位での食料備蓄をそのまま配送すると、かえって仕分けの時間的コストを被災地に負わせるため、「何個入りで何ケースなのか」が明確にわかるパレット単位で調達する必要があるとのことであった。

熊本市内に関しては、発災後3日で主なライフラインが回復したため、早期に飲食店が再開されたことと市内にあるサントリー九州熊本工場等から大量に食料物資が供給されたことにより、徐々にフードバンクかごしまとしての食料供給の役割は縮小していった。その代わりとして、被災地と企業や支援団体、地域コミュニティとを「つなぐ」役割に重点をシフトチェンジしていったという（セカンドハーベスト・ジャパンやその他のフードバンクについては、各個人世帯や特定団体への直接支援を継続していた）。具体的な企業としては、県内企業のほか県外に本社を置く味の素AGF（味の素ゼネラルフーヅ）株式会社やカルビー株式会社との連携による支援がフードバンクかごしまを通じて行われた。

味の素AGF株式会社によるコーヒー炊き出しの様子
写真提供：フードバンクかごしま

(2) 他団体との連携・調整

フードバンクかごしまでは、他団体とは異なり、原則、各個人世帯への直接支援を行っていないため、食料供給については、例えば、熊本地震・支援団体火の国会議に出席している支援団体・支援者を通じて間接的な食料物資の提供を行っている。このような場におけるネットワークを活用することで、被災地における詳細なニーズ把握を直接行う必要がなくなり、団体、支援者から入ってくるニーズに対するマッチングおよびコーディネート調整に集中することができたという。ある時には、避難所においてイスラム教徒であるマレーシア人が避難していたが、ハラル食を提供することが困難であったため、ハラル食を取り扱う鹿児島県内の企業と連絡を取り、物資調達したケースもあった。また、併せて各関係機関・団体に対し、ハラル食の提供が可能な企業・団体に関する情報提供を行うことができた。

その他、前述したとおり、セカンドハーベスト・ジャパンが16日から始動しており、フードバンクかごしまとしては地元団体の利を活かし、倉庫の貸与、各地元団体との調整等、様々な側面的支援を行った。また、発災後、4月18日には日本フードバンク推進協議会に所属しているNPO法人フードバンク山梨から相談が入り、これをきっかけとして、日本フードバンク連盟と全国フードバンク推進協議会の協働・連携の動きが見られた（この動きは、この後、方針の違いにより一定の成果は見られたものの、継続的な協働・連携には至らなかった）。

(3) 熊本地震の教訓を踏まえた動き

代表理事の原田氏は「熊本地震を経験し、平時からの各関係・機関の連携・協力体制が重要であることを痛切に感じている」と語る。実際に今回の熊本地震では、発災直後から行政職員、鹿児島県社会福祉協議会やまちづくり団体の職員等が勝手連的に集まり指令本部が形成され、被災現場に赴いた原田氏の後方支援として機能していたが、これはひとえに日常から災害時における協議が定期的になされていたからである。続けて原田氏は、「フードバンクは一人では到底できない“前向きなギブアップ”であり、皆と一緒にやっていくことでなんとかやっていけるし、大勢の人が関わることで公共性が担保される」と語る。

また、鹿児島県では熊本地震の教訓を踏まえて、災害時における避難所運営等への連携・協力体制の構築にあたって、フードバンクかごしまにも声がかかり、2016年9月、「災害時におけるフードバンク食品の供給等の協力に関する協定」の締結に至った。また、こうした動きが広がりをみせ、例えば、鹿児島県内における食料確保に関する市町村の広域連携の取り組みに関する検討等が行われ始めている。ちなみにこの協定は鹿児島県内の市町村で災害が起きた場合、搬送のコストを県に請求することが可能（償還払い）とされたことも日常からの実績と信頼関係を築いてきた成果であろう。

まとめ――フードバンクが災害時に果たす役割とは

ここまででフードバンクかごしまの事例をもとに、フードバンクが災害時および日常からどのような役割を果たしたのかをみてきた。フードバンクかごしまは他のフードバンク団体と違い、被災者への直接支援を行わない分、中間支援としての機能（つなぐ役割や仕組みを潤滑に回す役割）が強化されていることが大きな特徴であることがわかる。もう少し詳細に述べると、フードバンクとして被災地のニーズを様々なかたちで把握し、マッチングおよびコーディネートを行う機能が特化された組織体といえる。

2つ目の役割として挙げられるのは、食料の備蓄および備蓄に関する指導助言を行う役割である。今回、セカンドハーベスト・ジャパンへの倉庫貸与にみられたように、地方のフードバンク団体として、備蓄倉庫のサテライト的な役割を果たしたといえる。また、これに関連して、これまでの専門性を活かし、被災地における倉庫における食品配列に関する指導助言も行っている。

3つ目の役割としては、食料に関する情報提供およびネットワーク形成を促す役割である。これはハラル食に関する情報提供・共有の例でも見られたし、納豆やアレルギー食のような特定ニーズにおける食料調達の事例からもうかがい知れる。この情報提供およびネットワーク形成の取り組みがひいては災害時の食の流通システム、仕組みを構築するための基礎につながることにも留意したい。災害時における食の流通システムとは、めまぐるしく動く災害状況に対し、常に情報とネットワークを駆使し対応を図っていく仕組みに他ならない。こうした動きを丁寧に関係機関・団体と取り組み、寄与してきたのがフードバンクかごしまであった。

フードバンクかごしまにおける災害時の支援体制

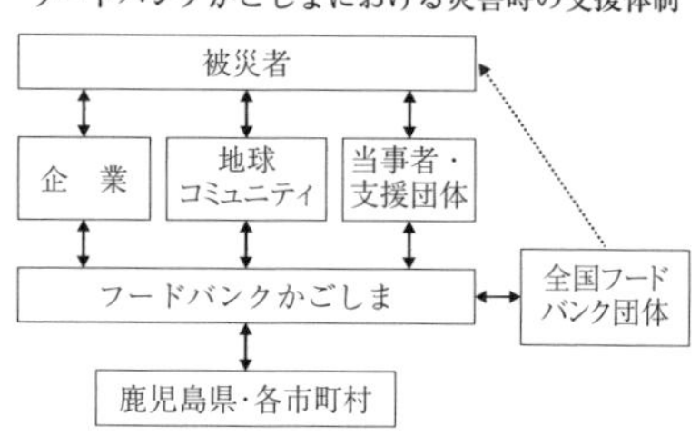

最後に、フードバンクかごしまでは熊本地震の経験をレポートにまとめ、今後の鹿児島県における災害対応に活かせるよう報告・提言活動を行っている。こうした実践から学び得た智恵とノウハウを地元における災害時の食料備蓄・供給の仕組み構築にむけた提言の役割も今後、フードバンクの取り組みとして重要となってくるであろう。

第4章

フランスのフードバンク
——手厚い政策的支援による発展

小関　隆志

はじめに

日本におけるフードバンクの調査研究はまだ始まって日が浅いが、小林富雄(2015)や、農林水産省の委託調査（三菱総合研究所，2010；2014；農林水産省，2014）に代表されるように、余剰食品の有効活用による食品ロスの低減に重点が置かれ、福祉的観点からフードバンクが食料支援を行う意義を論じた研究はほとんどなかった。だがフードバンクは食品ロスの低減による資源の有効利用という環境対策に加えて、生活困窮者への食料供給という福祉的側面を兼ねており、欧米のフードバンクに関する先行研究の大多数は、福祉的観点、特にフード・インセキュリティの観点からフードバンクの意義を論じたものである(たとえばNeter et al., 2014)。これは欧米におけるフードバンク活動の実態やそれに対する政府の政策の重点を反映したものと考えられる。

本章は近年の欧米でのフードバンク研究の動向を踏まえ、フランスのフードバンクの事例調査をもとに、生活困窮者支援の観点からフードバンクのあり方を考察するものである。

ヨーロッパで最初のフードバンクはフランスで1984年に設立された。1986年には欧州フードバンク連盟（Federation Europeenne des Banques Alimentaires：

FEBA）が設立された[1]。これと期を同じくして1987年にEU（設立当時はEC）の共通農業政策（Common Agriculture Programme：CAP）の一環として設けられたのがEU最貧困者食料配給プログラム（The European Union Food Distribution programme for the most Deprived Persons：MDP）[2]であった（Caraher, 2015）。当初は農産物政策の一環であったが、次第に生活困窮者政策の比重が大きくなり、一般市場で食料を購入して配給する割合が増え、予算が2010年には3億ユーロから5億ユーロに増えた。2013年12月末にMDPは終了、2014年3月以降は欧州貧困援助基金（The Fund for European Aid to the Most Deprived：FEAD）に引き継がれた。FEADは、食料以外の生活物資（衣料品など）の配給や精神障害者へのケアも含まれ、また対象国は19か国から全加盟国に拡大された[3]（Caraher, 2015）。

ヨーロッパのフードバンクはその誕生の時期からEUの食料政策・貧困政策とともに発展を遂げて今日に至っているが、FEADへの体制移管とともに、食料政策から貧困政策へのシフトが明確になったといえる[4]。

1　近年の欧米フードバンク研究

近年の欧米フードバンク研究の関心の一つの焦点は、欧米における食料危機ないし飢餓問題をどう解決するかにある。世界で最も豊かな欧米諸国において近年生活困窮者人口が900万人以上に増え続けており、EUや各国政府はフードバンクを通してこれらの生活困窮者に食料支援を続けなければならないという事実が背景にある。欧州議会の人権・民主主義担当の副議長であるEdward McMilan-Scottは、フードバンクに依存するヨーロッパの人口の増大は第二次世界大戦以来であり、もはや容認しがたいほどだと述べる[5]。

欧州フードバンク連盟FEBAによれば、2014年には1億2,500万人（全人口の25%）が貧困または社会的排除のリスクに曝され、なかでも5500万人（同9.6%）が隔日、質の良い食事を摂れない状態にある。FEBAに加盟する27か国のフードバンクは2014年の1年間に、33,800のアソシエーションを通じて、5,900万人に対し225万食（41.1万トン）を配給した[6]。

Riches（2011）は、豊かな先進諸国における飢餓問題はフードバンクの慈善活動に解決を任せておけばよいものではなく、「食料への権利」として捉え、政府自らが飢餓と貧困をなくすために尽力すべきだと主張する。ヨーロッパにフードバンクが誕生してから約30年が経過し、EUと各国政府、企業の支援策によってフードバンクが次第に制度化・産業化したが、それでも一向に飢餓問題は解消するどころか深刻化するばかりである。

飢餓と貧困が深刻化した原因についてRiches（2011）は、新自由主義的な福祉国家の改革により福祉予算が削られ、食料と所得の再分配機能の弱体化、生活困窮者向けの低価格住宅の欠如に伴う路上生活者の増加が生じ、結果的に生活困窮者は食料も住宅も失ってフードバンクの食料に頼らざるを得なくなったと指摘する。

Riches（2011）と同様の指摘はTarasuk et al.（2014）やBooth & Whelan（2014）にもみられる。Tarasuk et al.（2014）によれば、カナダでは福祉国家の解体と軌を一にしてフードバンクが発生・発展を遂げ、30年にわたる歴史を有しているが、年間2億ポンドにものぼる食料の配給も、困窮者の需要を満たすまでには到底至っていない。オーストラリアのフードバンクを研究したBooth & Whelan（2014）も批判的な見解を示し、フードバンクは食料の貧困・飢餓問題に関する疑問や議論・行動を歪める新自由主義的なメカニズムとして機能しており、余剰食品の配給を通して、現在の食品流通システムの効率性を維持する装置となっていると指摘している。

これらの研究は、フードバンクそのものを否定しているのではなく、社会保障制度におけるフードバンクの位置づけを疑問視しているのである。特に新自由主義による福祉政策の大幅な後退を、民間の慈善活動によって穴埋めさせることには量的にも限界がある点、また約30年間の活動の実績にもかかわらず根源的な貧困削減につながっていない点を批判している。フードバンクはあくまでも飢餓問題に対する補足的な活動と位置づけられるべきだと言えよう。

欧米のフードバンク研究のもう一つの関心の焦点は、フードバンクが提供する食料の質、特に栄養面の問題である。従来、フードバンクの活動実績は提供した食料の量（食数・重量）で示されてきたが、フードバンクの発祥国アメリカでは、食料を安定的に得られない人々の間で極度の肥満や、食事に関連した病気が急増しており、より新鮮で栄養の高い食料を提供する方針を立てたフードバンクもいくつか現れている（Handforth et al., 2012）。アメリカでは極度の肥満が貧困と関連があると指摘されており、それを立証する研究もある（たとえばLevine, 2011）。アメリカ国内のフードバンク137団体を対象に行ったアンケート調査によれば、フードバンク団体の大多数は食料の栄養管理に相応の努力をしており、特に新鮮な青果を提供する例が多い（Campbell et al., 2013）。近年は新鮮な青果の供給を増やし、甘い飲料やスナック食品を減らす傾向にあること、今後はフードバンク団体の栄養管理方針や在庫食品の追跡システムが健康的な食品供給にとっての鍵となることが指摘されている（Webb, 2013）。オーストラリアのフードバンクの事例研究を行ったLindberg et al.（2014）は、事例のSecond Biteではスタッフの視野が路上生活者支援のみから新鮮な食品の提供や栄養教育へと次第に発展していった経過を描き出し、またButcher et al.（2014）もオーストラリアのフードバンクThe Foodbank of Western Australiaが食料の提供にとどまらず栄養教育や体育などの包括的なアプローチを採って成果を上げたと述べている。他方、オランダのフードバンク利用者への聴き取りを行ったHorst et al.（2014）は、利用者が質の劣る食品（賞味期限切れ食品や、高脂肪・高糖分の食品など）を受け取って失望を隠せないという率直な心情を伝えている。

これらの研究は、フードバンクが単に貧困層を餓死から防ぐというだけにとどまらず、栄養面に配慮した質の高い食品を提供し、利用者の健康増進に寄与すべき段階に来ているということを物語っている。フードバンクに関する議論はとかく、食料の量やコスト、組織運営体制に向きがちだが、利用者の観点からフードバンクないし食料提供のあり方を問い直すことも重要であろう。

フードバンクに関する上記のような先行研究は、既存のフードバンク活動に対する批判的な視点を多分に含んでいる。これらはフードバンクが長年にわたり政府の政策や市民の認知に深く根を下ろした欧米諸国ならではの問題関心であるが、新自由主義による福祉政策の後退と社会的セーフティネットの綻びとともにフードバンクが生まれてきたという背景は日本にもそのまま当てはまる。日本で生活困窮者自立支援事業の本格実施が始まり、困窮者の生活相談とフードバンクの食料支援を結ぶ線が次第に太くなりつつある現在、欧米諸国の研究や実践を参考にしながら、社会保障としての食料支援の意義と課題を論じることが求められているように思われる。

ただ、フードバンクによる食料支援を、生活困窮者に対する社会保障体系のなかにどう位置づけるべきかについて、筆者の管見の限りでは、本格的に論じた先行研究は残念ながら見当たらなかった。食料の提供はごく一時的な支援に過ぎず、住宅や就職に比して根本的な解決策になり得ないと考えられているのかもしれない。しかし、最も困窮している人々にとっては今日明日の食料が切実なニーズである。また、欧州フードバンク連盟FEBAが主張するように[7]、食料支援は困窮者に接触する機会を提供するため、社会的包摂の第一歩ともなっていると考えられる。またフードバンク団体が職業訓練や福祉的雇用の機会も提供しているという。フードバンク団体が食料支援という「第一歩」から、利用者をいかにその先の社会的包摂につなげていくかという点は、今後の研究を待たなければならないだろう。

2　研究対象および方法

上記のような先行研究の動向を踏まえ、筆者は（1）政府の政策においてフードバンクがどのように位置づけられているのか、(2）食料支援からその先の社会的包摂にどうつなげているのか、(3）フードバンクは提供する食料の栄養面にどのように配慮しているのか、という点に着目しながら、フランスにおけるフードバンクの実態について調査を行った。

フランスのフードバンクに着目する理由は、ヨーロッパにおける下記のようなフランスの特徴に基づいている。すなわち（1）ヨーロッパ諸国の中で30年以上と最も長い歴史を持ち、ヨーロッパのバンク・アリマンテールのネットワークの中でフランスの団体数が約30％を占め、最も多い[8]。(2）フランス政府はフードバンク団体に対して税控除や食料提供に関する法制化を早期に行い、長年にわたり支援を続けてきている。フランスはEUや民間企業からも食料や寄付などの提供を受けている。

そのためフランスでは国内にフードバンクが充分に発展して「制度化」さ

れ、国民や企業の間にも極めて広く浸透していることから、上記のような調査の問いに対して答えを見出すのに十分な経験の蓄積をフランスは有していると思われた。

だが、筆者の管見の限りでは、フランスのフードバンクを対象とした研究の英語論文がほとんど見当たらない。アメリカ、カナダ、オーストラリア、イギリス、イタリア、オランダなどの国と対照的に、フランスのフードバンクに関する英語・日本語での情報は、極めて断片的で限られている。フランスが有するフードバンクの長い歴史と大規模なシステムが、いまだ萌芽期にある日本のフードバンクの将来像に、いかなる示唆をもたらすのかを、あわせて分析する。

佐藤順子氏（佛教大学）を研究代表者とする科研費・基盤研究（C）「生活困窮者困窮者支援におけるフードバンク活動の役割」（2015–2017年度）（以下、「本研究」と略称する）は、2015年9月7～9日にパリ市で下記のような現地調査と文献収集を行った。

フランス国内の様々なフードバンク団体の中で、本研究はバンク・アリマンテールと「心のレストラン」を調査対象とした。バンク・アリマンテールと「心のレストラン」はいずれもフランス国内で最も長い歴史を有し、フランスを代表する大規模なフードバンク団体として、国内の隅々まで活動拠点を広げていることから、調査対象に選んだ。

①バンク・アリマンテール（直訳すると「食料銀行」の意）：全国連盟本部およびパリ首都圏支部の配給センター訪問／スーパーマーケット「モノプリ」での余剰食品引き渡しの状況の視察／エピスリー・ソシアルを訪問：責任者への聴き取り、店舗内の視察

②心のレストラン：パリ本部、クレタイユ食料配給センターを訪問

3　フランスにおけるフードバンクの沿革・現状・政策

(1) フードバンクの現状

①バンク・アリマンテール

バンク・アリマンテールは、政府や民間などから提供された食料を収集し、

写真4-1　バンク・アリマンテールのパリ郊外センターにて

近郊から集荷した青果（写真手前）。大型の冷凍庫・冷蔵庫、缶詰等の長期保存食品を保管する倉庫などがそろっている。
筆者撮影

アソシエーションに配給する民間のフードバンク団体である。この団体の主な特徴は、(1) 収集する食品は寄付に限り、市場で食品を購入しないこと、(2) 消費者個人に対してではなく、アソシエーション（団体）に対して食品を配給するため、最終的に食品を消費する受益者との接点があまりないこと、(3) 食料の提供以外の事業は原則として行っていないこと、(4) 国民に寄付を募らず、公的機関や企業から資金を集めること、である。

バンク・アリマンテール全国連盟本部が発表している主要な実績データ（2015年5月1日付）を挙げると以下のようである。

- ▶事業拠点：全国に79のバンク・アリマンテール（各県に1団体）、23の倉庫、計102の拠点
- ▶食料倉庫：計104,000㎡／冷蔵室：12,767㎡／食品収集トラック：409台（うち冷蔵車272台）

▶食料提供者割合：スーパー34.5%、農業生産者・メーカー28.3%、消費者（国民収集の日）13%、EU22.8%、フランス政府1.4%（したがって公的支援は計24.2%を占める）

▶受益者：185万人／常勤ボランティア：5,234人／有給職員：476人（うち契約職員243人）

▶提供した食料：10万トン、2億食、3億1,800万ユーロ相当分（2014年の年間実績）

▶提供先のアソシエーション：5,300団体（独立したアソシエーション2,000団体、CCAS ou CIAS（社会福祉関連機関）1,000団体、全国の慈善ネットワーク2,000団体、エピスリー・ソシアル（福祉スーパーマーケット）700店

▶支出割合：社会的目的93.5%、運営費4.7%

図4−1はバンク・アリマンテール全国連盟が公表している、提供食料の栄養バランスの対比である。同団体は食料を購入せず、専ら寄付に頼っていることから、食品提供者の事情によって食料の栄養バランスはその時々に変わり、団体側は栄養バランスをコントロールし難い。

目標値と実績値の乖離に着目すると、青果や肉魚は実績値が少なく、脂肪や糖類は実績を超えていることがわかる。この乖離を圧縮するため、バンク・ア

図4−1　栄養バランス　目標値と実績値の対比

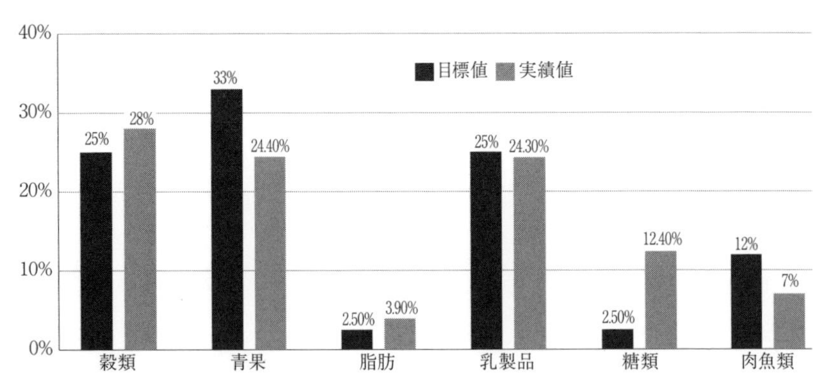

出所：全国連盟提供資料をもとに筆者作成

リマンテールは食料提供者であるスーパーマーケットや農業生産者に対し、青果や肉魚類の提供を増やすように要請している[9]。

②心のレストラン

写真4-2　心のレストラン　クレタイユ食料配給センター（1階）

来所者は1階で食品や生活衛生用品を受け取り、ボランティアスタッフと話をする。2階には寄贈された衣服類が並んでおり、利用者は受け取れる。貸付の相談窓口も設けている。
筆者撮影

心のレストランは、寄付によって集めた食料を配給したり、温かい食事を提供したりする（＝炊き出し）ほか、衣類や本といった非食品の配給、住居の提供や就職のあっせん、少額の融資など、困窮者に対する多様な自立支援事業を展開するアソシエーションである。活動は歴史的に食料支援から出発しており、活動の中心も食料支援にあるが、フードバンクの枠にとどまらない。その点は、フランス赤十字やスクール・ポピュレール、救世軍など、他のフードバンク団体にも共通しているが、逆にフードバンクに特化しているバンク・アリマンテールと根本的に異なる点でもある。

食料支援活動に限ってみても、前述のバンク・アリマンテールとは異なり、食料を受益者に直接渡している。バンク・アリマンテールは中間支援組織として、アソシエーションに食料を配給する卸事業に特化しているため、受益者との接点はほとんど持たないが、心のレストランは受益者の受付や管理、食料の配給といったリテール業務を担っている。

さらに、バンク・アリマンテールは食料を市場で調達せず、専ら余剰食料の寄付に頼っているが、心のレストランは余剰食料だけでなく市場で食料を購入して不足分を補う点も相違の一つである。

心のレストランの年次報告書（2013-2014年）によると、実績は以下のようであった。

〔食料支援活動〕

▶配給センター・支所数：2,090か所

▶受益者：100万人（うち乳児4万人）／ボランティア：67,600人

▶提供した食料：1.3億食

▶支出割合：一般経費7.3%

〔住居支援活動〕

▶住居支援の受益者：1,472人／緊急ベッド数：237床／延べ宿泊日数：67,252泊

▶住宅取得者：1,798人／転貸する住宅：621戸

〔就職支援・自立支援活動〕

▶路上生活者（受入・伴走）：109人／ワークショップで求職の伴走を受けた者：3,300人

▶社会復帰のためのワークショップ・ガーデン：100か所

〔その他〕

▶図書館・書籍スペースの設置、フランス語教室・補習教室の開催、映画の上映

▶バカンスへの招待、権利のアクセス支援（法的問題の解決）、マイクロクレジット

▶健康診断・医療検査、料理教室、衣料品、理髪など

(2) フランス政府による食料支援政策

EUの食料支援プログラムFEADに加えて、フランス政府は独自の食料援助

計画PNAAにより、FEADの不足分を補完し食料援助の多様化を目指している[10]（農林水産省，2014，p.48）。PNAAは、食料生産者や食品企業から肉魚や青果などの食料を調達し、慈善団体に配布する。

このほか、寄付に対する税控除については、一般租税法典238条の2（2003年改正）で、企業が人道支援団体などに寄付した場合、売上額の0.5％を上限として、寄付額（現物寄付の場合は金額に換算）の60％相当分の税控除を受けることができる。また個人が寄付した場合、521ユーロを上限として、寄付総額の75％相当分の税控除（上限額を超えた部分は、課税所得の20％を年間限度として寄付総額の66％相当分の税控除）を受けることができる[11]。

他方、食品ロス削減政策については、欧州議会が2012年に、食品廃棄物を発生抑制するための具体的行動を定めるように、ヨーロッパ各国に要請する決議を採択した。また2014年を「ヨーロッパ反食品廃棄物年」として、取り組みの一つにフードバンク活動の啓発を挙げている[12]。

フランス政府は2012年12月、食品ロス撲滅政策を打ち出し、2025年までに国内の食品ロスの半減を目標に掲げた（農林水産省，2014）。フランス国民一人当たりの食品廃棄量は年間平均20−30キログラムと推計されている。2015年5月21日にはフランス国民議会（下院）が、大手スーパーマーケット（店舗面積400平方メートル超）に対し、賞味期限切れなどで販売できなくなった食品を処分することを禁じる法律を、全会一致で可決した[13]。代替策として売れ残った食べ物は慈善団体などに寄付する、あるいは家畜の飼料として提供するということが定められ、店側は慈善団体と提携を結ぶことも義務になるという[14]。

筆者らが行った聴き取り調査によれば、上記の新法のなかで食品の寄付に関する章は「手続法上違憲」という判断になり、成立しなかったのだという。しかし、環境大臣が大手スーパーマーケットの担当者を召喚し、法案は成立しなかったがその内容を遵守するように要請した。スーパーマーケットの経営者は、環境大臣との間で5項目の事項について合意した[15]。

このように、フランス政府はEUとともに、生活困窮者への食料支援を重点に置きながら、また食品ロス削減の観点も加えて、食料（現物）の補助、寄付税制優遇などの政策を充実させ、フードバンク活動の基盤を強力に支えてきたといえる。

4　フランスのフードバンク団体の活動事例

(1) バンク・アリマンテール

①受益者の選定

バンク・アリマンテールは、アソシエーションに食料を提供するにとどまるため、受益者の選定にはかかわらない。受益者の選定にあたっては、ソーシャルワーカーが受益者の必要性を判断する。生活保護（RSA）の受給者もバンク・アリマンテールからの食料を受け取れるが、ソーシャルワーカーが当該世帯の全収入・支出の差額を算出して、食料支援の対象になるかどうかを決める。

②受益者との伴走・相談

食料配給先であるアソシエーションの担当者が受益者に伴走し、またソーシャルワーカーが食料支援の必要性を判断して決める。

エピスリー・ソシアルは基本的に受益者自身が店頭で食品を選んで購入するが、ボランティアが付き添って、購入品目について助言したり、野菜料理を教える教室を開催したりして、栄養の偏りをなくす。受益者がアソシエーションの担当者に生活相談し、必要に応じて他のサービスを紹介することもあるという[16]。

③食料収集・配給の実務

筆者らが訪問したパリ首都圏のバンク・アリマンテールのセンター（倉庫）は、FEADによる食料提供、大手スーパーマーケットからの寄付、食品メーカーや農協からの寄付をそれぞれ3分の1ずつ受け入れている。倉庫は、保存食料用の倉庫（缶詰等）、冷蔵・冷凍室、常温食品用スペース、準備スペース（仕分け作業用）に分かれており、常温食品用スペースには缶詰等の保存食料のほか野菜・果物類が並ぶ。

このセンターは原則として1～12月までの毎週平日、朝から昼間で開設し、有給職員4名とボランティア15名で運営している。朝にトラックで近隣のスーパーマーケットを回り、寄付される食料を受け取って昼までに倉庫に戻る。倉庫内ではそれらの食料を仕分けして整理する。

アソシエーションは午前中から昼までの間に倉庫を訪れ（1団体あたり毎週1回）、必要なだけ食料を選んで受け取る[17]。食料を受け取る際には、その内容の明細を作成し、あわせて重量を測って、1キログラム当たり17セントの協力費を支払う。

大手スーパーマーケットが倉庫の冷凍冷蔵室や、食品配送用トラックなどを寄付しており、トラックには寄付したスーパーマーケットの企業名が書かれている。これらの寄付のほか、倉庫の賃料も一部負担している。筆者らは、大手スーパーマーケットのモノプリ（Monoprix）の店舗を回るトラックに同乗して、食品回収の様子を視察した[18]。

④エピスリー・ソシアルにおける低価格販売

写真4-3　エピスリー・ソシアルの店舗にて

写真右側の女性は、この店舗にて利用者の生活相談・支援を行う家庭経済ソーシャルワーカーである。
筆者撮影

エピスリー・ソシアルは生活困窮者を対象に低価格で食料などの生活必需品を販売する福祉目的の小売店である。

筆者らが訪問したのは、救世軍財団が運営するパリ市内北東部の小型店であった。救世軍財団は低所得者用に大型の簡易宿泊所を運営しているが、その敷地内の片隅にエピスリー・ソシアルの店舗がある。この店舗はパリ市第20区と隣接する3つの町の住民を対象とし、利用者数は80世帯・350人に及ぶ。パリ市内にある他の店舗は、救世軍財団以外の非営利組織が運営している。

この店舗は、食料を無償で提供する通常のフードバンクと異なり、市価の約10%で商品を販売する。店舗の利用者が、たとえ安価でも代金を払って商品を受け取ることにより、商品選択の自由と自尊心を得られるからである。

誰でもエピスリー・ソシアルの店舗を利用できるわけではなく、家庭経済ソーシャルワーカー（CEFS）が紹介し、さらに店舗の責任者が許可を与えてから利用できる。公共料金を滞納したり、自動車免許取得費や学費を賄えないなどの人で、食費などの生活費を抑えることで困窮から抜け出すことが可能だと判断した場合に、1年間に限り週1回、店舗の利用が認められる。店舗の責任者は利用者と毎月面談し、1か月間の収入と支出をみて、今後の店舗の利用がなお必要かどうかを判断する。利用者の収入額から支出額を差し引いた残額に応じて、店舗で購入できる商品の金額も決まる。

店舗の商品のうち、日用品（バス・トイレタリー用品、文房具等）は各メーカーから、また食料はカルフールなどの大型小売店舗から直接、あるいはバンク・アリマンテールを通して受け取る。

食品の栄養バランスに関しては、原則として収入額に応じた購入額の上限が個々に決められているものの、(1) 牛乳は利用者1人あたり週2リットルを上限として無料で配給する、(2) 野菜・果物は上限なく購入できる、(3) 肉・ハム・卵・チーズ・ヨーグルト等の冷蔵食品、冷凍食品、コメ・パン等のドライフードを取り揃えている、といった特徴が挙げられる。

(2) 心のレストラン

①受益者の選定

筆者らが訪問した、パリ市郊外のクレタイユ市にある食料配給センターにて聞いたところでは、同センターで食料の配給を受けるには世帯ごとの登録を要する。路上生活者は無条件で登録できるが、それ以外の利用希望者は、家族手当金庫や失業保険受給証、身障者手当証明書、パスポートなどの証憑書類を揃えて、申込書とともに提出し、登録を申請する必要がある。

登録に際して最大の要件は所得水準であり、家賃など必要経費を除いた1世帯の月収が310ユーロ以下であることが条件となる（自宅や自家用車等の資産要件はない）。路上生活者を除き、申請時に書類不備がある場合は仮登録扱いとなり、一定期限までに書類が揃わなければ登録は却下される。

フランスにおける貧困の定義は月収310ユーロ[19]とのことで、その基準に満たない生活困窮者がこの食料配給センターの利用資格を得るということである。

②受益者との伴走・相談

クレタイユ食料配給センターの場合、最初の登録時に、登録専門のボランティアスタッフ（相談員）が面談を行い、利用希望者の事情を聞いて登録を受け付ける。登録後に申請書類を精査し、最終的に承認または却下する。

登録証を持った利用者が食料の配給を求めてセンターに来所すると、担当のボランティアが1対1で話し相手になるという。この日常的な会話の中から、ボランティアは食料以外のニーズ（生活費の不足、滞在許可、衣服など）を聞きだし、利用者の世帯構成などを考慮しながら、必要に応じて衣服や靴、本などを無償で提供する。同センターの2階には、市民から寄付された衣服、靴、本のストックがある。また、コンサートや観劇、サッカー・ハンドボールなどスポーツ観戦の無料観覧券が入手できた場合は、希望者に提供する。

さらに、登録証の有無にかかわらず、資金不足に苦しむ人を対象としたマイクロクレジット（小口貸付）事業も行っている。

パリ支部では、食料配給以外に、「ルレ」という活動拠点において、路上生活者に対して仮の住所を付与するなど、様々な支援活動を展開している。

③食料収集・配給の実務

パリ支部においては、筆者らの訪問時点では6か所の食料配給センターのうち4か所（11区・15区・19区・20区）が開いていた。配給センターには3つの機能があり、(1) 登録証を持った利用者に食料を配給する、(2) 路上生活者などに温かい食事を提供する、(3) 路上生活者のところに赴いてサンドイッチやスープなどの軽食を配る（「マロード」という）というものである。

登録証を持った利用者に食料を配給する時期は、冬季のキャンペーン期間と夏季のキャンペーン期間に限られるが、路上生活者に温かい食事を提供するのは、ほぼ年間を通して（ただし8月は閉所）行われている。

ボランティアスタッフがトラックで近隣のスーパーマーケットや食料品店等を回り、余剰食品を集荷する。クレタイユ食料配給センターの場合は、2015年の夏季キャンペーン（7–8月）では171世帯に16トン（19,254食相当分）を提供し、冬季キャンペーンでは570世帯に食料を提供した。夏季キャンペーンでは余剰食料を集荷して、週1日開所して利用者に供給するが、冬季キャンペーンでは余剰食料に加え市場で食料を購入して、週4日開所して利用者に供給する。全体として冬季キャンペーンのほうに比重を置いている。

配給に関しては、開所日の午前中に利用者は登録証を持ってセンターに来所し、受付を済ませた後、各人に与えられた持ち点数や当日ストックされている食料の量に応じて、食料を受け取る。牛乳、肉魚、野菜、デザート、コーヒー・砂糖・小麦粉・パンなどと分類され、個々の食品に点数が付けられているが、食品の類型ごとの点数の上限の範囲内で、好みの食品を選ぶことができる。点数制によって、栄養のバランスが取れた食品の選択が可能になっている。

5　考察

バンク・アリマンテールと心のレストランの両事例から、以下の点について考察する。

(1) 政府の政策において、フードバンクがどのように位置づけられているのか

バンク・アリマンテールと心のレストランはいずれも民間の活動として始まったものの、発足して間もない時期からEUおよびフランス政府による手厚い

支援が始まった。ヨーロッパ全体での余剰食料の再配分のシステムが構築され、政府・自治体による補助金や税控除が整備された。フードバンク施設の運営費の一部は政府・自治体からの補助金で賄われている。基本的に生活困窮者に対する食料支援という政策の位置づけであるが、大規模小売業者に対する余剰食料廃棄禁止の立法は、食品ロス削減政策の一環として、フードバンク活動への側面支援となっている。市場経済に任せておいては容易に実現しない余剰食料の再分配を機能させるには、政府の役割が必要とされていることを示すものである。

フランスではこのように、フードバンクが生活困窮者に対する食料支援政策の一環として深く組み込まれてきた。心のレストランの登録要件に示されているように、貧困基準となる収入に満たない生活困窮者に対し、その不足分を（現金給付ではなく食料という現物給付によって）補填する役割をフードバンクは担わされている。本来、政府や公共機関が国民の最低限の生活保障をすべき部分を、フードバンクやそこで献身的に活動するボランティアスタッフの無償労働、企業・市民からの寄付によって賄い、慈善活動を装いながら実態としては福祉行政を代替しているといえよう。政府がフードバンクに補助金を支給し、法規制の対象とすることにより、フードバンクは政府の福祉政策の一翼として積極的に位置づけられてきた。こうした状態が1980年代半ば以降現在まで続いているばかりでなく、1980年代当時とは比べ物にならないほど活動の規模が拡大し、また活動の分野も広がってきていることは注目に値する。

フードバンクに対するEUやフランス政府の支援は、生活困窮者に対する食料支援のニーズが拡大していること、そして政府としてきちんと政策課題に据える必要性を物語っているが、その一方で、フードバンクを通して食料支援事業を継続・拡大することが、本来の目的であったはずの貧困の削減にどうつながるのかが問われているように思われる。筆者は、食料支援が就労支援などに比べて一時的なものに過ぎず根本的な対策になり得ないとか、あるいは生活困窮者の依存心を助長させるに過ぎない、などと主張するつもりはない。

そうではなくて、食料支援がその先の自立支援や社会的包摂にどうつながるのかを意識する必要があると考える。また、そもそもなぜこれだけ多くの人々が生活困窮に陥りフードバンクに頼らざるを得なくなったのかを考えると、

Riches (2011) が指摘したように、新自由主義的な福祉国家の改革により所得再分配機能が低下し、社会のセーフティネットが弱体化したことの一つの表れとして、フードバンクの台頭という現象をとらえることができるのではないかと思われる。翻って日本におけるフードバンク支援策のあり方を考察する際に、セーフティネットの再構築を棚上げにしたまま、対症療法的な弥縫策としてフードバンク支援策を構想するとしたら、問題をはらむことになろう。むしろ、包括的な生活困窮者自立支援事業や、生活保護制度の中に、食料支援をいかに有機的に組み込んでいくかが求められているように思われる。

(2) 食料支援からその先の社会的包摂にどうつなげているのか

バンク・アリマンテールは余剰食料の配給に特化した中間支援組織であり、食料支援以外の分野は活動の対象外であるが、食料配分先の各アソシエーションは食料支援のみならず多様な支援活動を展開している。例えば、救世軍財団はエピスリー・ソシアルに加えて低所得者のための簡易宿泊施設を運営していた。

心のレストランは、食料支援以外に日用品の提供、宿泊や教育、文化、就労、貸付など多様な支援活動を行っている。パリ支部の担当者が「食料配給が入口として考えられている」と指摘しているように、食料支援をきっかけとして利用者との接点をつかみ、利用者との信頼関係を築いて、相談の糸口を設け、その先の自立支援、さらなる社会的包摂へとつなげていくという方法論である。

もっとも、食料支援が最初のきっかけとなることはさほど異論がないとしても、心のレストランのようにあらゆるメニューを用意して利用者を自らのグループ内に“抱え込む”のか、それとも本来の食料支援の機能に特化して、必要に応じて他の困窮者支援団体と役割分担する“ネットワーク”型を目指すのかは、議論の余地があろうし、各団体によって方針の違いがあるだろう。日本のフードバンクでも、団体によって方針の違いが見受けられる。重要なことは、食料支援がそれだけで終わるのではなく、生活相談やその他の自立支援活動への入口として位置づけられることであり、また社会保障政策に対するアドボカシーに有効に活かされることであろう。

(3) フードバンクは提供する食料の栄養面にどのように配慮しているのか

フードバンクが余剰食料の分配システムに過ぎないとしたら、栄養面への配慮は主要な関心事にはなり得ない。生活困窮者が単に生命を維持するためではなく、健康で文化的な生活を営むための食料を提供するのであれば、食料の質や栄養は主要な関心事となるし、前述のように様々な先行研究がフードバンクの食料の栄養バランスに着目してきた。

バンク・アリマンテールと心のレストランのいずれも、配給する食料の栄養バランスを保つことに注力していた。バンク・アリマンテールは中間支援組織であり、実際には個々のアソシエーションが受益者に食料を配給するため、心のレストランとは単純比較できない。ただし、いずれも3温度帯（常温、冷蔵、冷凍）の食料、特に肉・魚類、乳製品、青果など常温で長期保存ができない食料を集荷し、配給するロジスティクス・システムを構築している。栄養バランスを維持するにはこうしたロジスティクスの構築と運営が不可欠だが、そのための費用を負担し、財源を調達する能力も必要となる。多様な食料を寄付してくれるスーパーマーケットや食品メーカー等の協力も必要だ。こうした全体のシステムの構築は、そう簡単なことではない。日本においては、財政的な制約から、3温度帯での食料の集荷・配給に対応できず常温食品に取り扱いを限定せざるを得ないフードバンク団体も多い。栄養バランスを実現できない状況が続けば、生活困窮者支援の観点からはフードバンクの存在意義が問われかねない。

また、ボランティアスタッフが利用者に1対1で付き添い、食品の選択を助言したり、点数制を導入したり、料理教室を開催したりするというソフト面の支援も栄養面の配慮として重要といえる。

おわりに

日本でも2000年以降、各地にフードバンク団体が設立され、現在は77団体以上が活動している。2015年11月には全国フードバンク推進協議会が設立され、農林水産省や内閣府が同協議会への支援・連携を表明した。日本では、欧米諸国に比べればフードバンク活動はまだ萌芽期にあるが、生活困窮者自立支援法が本格施行されて以降、フードバンクが果たし得る役割には注目が集まっていることも確かである。

従来は、食品ロスの低減という観点から注目されていたフードバンクが、生活困窮者への食料支援としての機能を強く期待されつつある現在、フードバンク活動や支援政策の量的成長ばかりでなく、その質的な側面や、社会保障政策全体における位置づけにも着目する必要があろう。

＊本章は、小関隆志（2016）「生活困窮者支援とフードバンク活動――フランスのフードバンクの事例調査をもとに」『貧困研究』第17号、112－123、明石書店に加筆したものである。

注

1 Hannah Osborne, "A Short History of Food Banks, a Modern Phenomenon". (http://www.ibtimes.co.uk/short-history-food-banks-modern-phenomenon-1445071) 2015.11.16 閲覧。

2 日本の文献では一般に、PEAD（ProgrammeEuropeenned'aide aux plus demunis）と表記されているが、EU の文書では MDP と略記されることが一般的なため、本論文では MDP と表記する。

3 FEAD の支援対象計 27 か国のうち、(1) 食料支援の配給（8 か国）、(2) 生活物資の配給（1 か国）、(3) 食料と生活物資双方の配給（14 か国）、(4) 社会包摂プログラムの実施（4 か国）と支援内容がそれぞれ異なる。また、FEAD の支援対象国と、欧州フードバンク連盟 FEBA 加盟の 27 か国は完全に一致していないが、大部分（22 か国）は重なっている。ちなみにフランスは FEAD の食料支援対象国であるとともに FEBA の加盟国でもある。

4 Santini &Cavicchi（2014, p.1455）は、MDP から FEAD への移管を、食料支援モデルから社会的包摂モデルへの変化として捉え、FEAD は物資提供にとどまらない包括的な貧困対策を指向するものとして歓迎している。

5 Edward McMilan-Scott MEP, "Food aid in Europe at scale 'not seen since the second world war'," The Parliament Magazine, 2014.4.2.（https://www.theparliamentmagazine.eu/articles/news/food-aid-europe-scale-not-seen-second-world-war）

6 FEBA ウェブサイト（http://www.eurofoodbank.eu/）2015.11.11 閲覧。

7 FEBA ウェブサイト（http://www.eurofoodbank.eu/）および "FOOD AID: An answer to a vital right, a gate to social inclusion Testimony of an European stakeholder"（FDSS Conference Brussels 18/19 December 2012), FEBA, p.2.（プレゼンテーション資料）

8 ヨーロッパ 22 か国にバンク・アリマンテールは 264 団体あり、そのうちフランスは 79 団体（約 30%）。バンク・アリマンテール全国連盟訪問時の配布資料（2015 年 5 月 1 日）10 ページ。

9 バンク・アリマンテール全国連盟ディレクターの M. Maurice Lony 氏への聴き取り（2015 年 9 月 7 日、パリ市内）による。

10 農業水産省食料総局 DGIL と保健福祉省社会団結総局 DGCS から委任されたフランスアグリメール France AgriMer が、PNAA を運営管理している。

11 佐藤（2015）；心のレストラン第 29 期 2012-2013 年報告書；村野瀬玲奈の秘書課広報室「誰もが運命のいたずらで仕事や住居を失って明日ホームレスになるかもしれないという思いのもとに」(6)（http://muranoserena.blog91.fc2.com/blog-entry-509.html）2015.11.19 閲覧。

12 農林水産省「食品ロス削減に向けて～「もったいない」を取り戻そう！～」(http://www.maff.go.jp/j/shokusan/recycle/syoku_loss/pdf/0902shokurosu.pdf) 2015.11.19 閲覧。

13「売れ残り食品の廃棄を禁止する法律、フランスが全会一致で可決」(http://www.huffingtonpost.jp/2015/05/25/france-give-wasted-food-to-charity_n_7433984.html) 2015.11.19 閲覧。

14「フランスでスーパーの食品廃棄を禁止する法律を可決！」(http://macaro-ni.jp/15421) 2015.11.19 閲覧。

15 モノプリ基金（Monoprix Foundation）持続可能な発展担当副代表カリン・ヴィエル氏への聴き取り（2015年9月9日、パリ郊外 Gennevilliers にて）による。主な合意事項は

（1）店舗面積400平方メートル以上の店舗はアソシエーションへの寄付を義務づける。

（2）消費期限を過ぎても2週間程度は安全に消費できる食品（砂糖、飴、ヨーグルトなど）については食品のパッケージから日付の表示を取り除き、無駄を減らす。またヨーグルトなどの消費期限を現在の基準より余裕を持たせる。

なお、法案は一旦無効になったが2015年12月に復活し、元老院（上院）の決定により、2016年2月に成立した。この「食品廃棄物削減に関する法律」は、売場面積400㎡以上の食品小売店舗に対し、食品寄付に関する協定をアソシエーションとの間で結ぶ義務を規定している。

16 バンク・アリマンテール全国連盟の M. Maurice Lony 氏からの聴き取りによる。

17 基本的に各団体の判断で選ぶことができるが、EU の予算による冷蔵冷凍品は、受益者数に応じて各アソシエーションに割り当てられており、裁量の余地はないという。パリ首都圏センターの現場責任者からの聴き取りによる。

18 大手小売業者モノプリ（Monoprix）が設立したモノプリ基金（2009年設立）はフードバンクにトラックや冷蔵室などを寄付し、モノプリの店舗で余剰食料を提供している。同基金のパンフレットによれば、2014年には13のアソシエーション主導プロジェクトに34.4万ユーロを寄付したほか、2014年11月には59店舗から7万ユーロ以上の寄付金を集めて45団体のアソシエーションに配分した。

19 クレタイユ食料配給センター現場責任者からの聴き取り（2015年9月7日）による。

参考文献

小林富雄（2015）『食品ロスの経済学』農林統計出版。

佐藤順子（2016）「フードバンクとマイクロクレジット――心のレストランとパルクール・コンフィアンスの取り組み」同編著『マイクロクレジットは金融格差を是正できるか』ミネルヴァ書房。

農林水産省（2014）『平成25年度フードバンク調査報告書』(http://www.maff.go.jp/j/shokusan/recycle/syoku_loss/foodbank/tachiage/pdf/25fbhk.pdf)。

三菱総合研究所（2010）『平成21年度フードバンク活動実態調査報告書』(http://www.maff.go.jp/j/shokusan/recycle/syoku_loss/foodbank/)。

三菱総合研究所（2014）『食品産業リサイクル状況等調査委託事業（リサイクル進捗状況に関する調査）報告書』(http://www.maff.go.jp/j/budget/yosan_kansi/sikkou/tokutei_keihi/seika_h25/shokusan_ippan/pdf/h25_ippan_213_00.pdf)。

Booth, Sue & Jillian Whelan (2014) "Hungry for change: the food banking industry in Australia", *British Food Journal*, Vol. 116, Iss.9.

Butcher, Lucy M., Miranda R. Chester, et al. (2014) "Foodbank of Western Australia's healthy food for all", *British Food Journal*, Vol.116, Iss.9.

Campbell, Elizabeth C., Michelle Ross & Karen L. Webb (2013) "Improving the Nutritional Quality of Emergency Food: A Study of Food Bank Organizational Culture, Capacity, and Practices", *Journal of Hunger & Environmental Nutrition*, No.8.

Caraher, Martin (2015) "The European Union Food Distribution programme for the Most Deprived Persons of the community, 1987–2013: From agricultural policy to social inclusion policy?", *Health*

Policy, Vol. 119.

Horst, Hilje van der, Stefano Pascucci & Wilma Bol (2014) "The "dark side" of food banks?: Exploring emotional responses of food bank receivers in the Netherlands", *British Food Journal*, Vol.116, Iss.9.

Levine, James A. (2011) "Poverty and Obesity in the U.S.", *Diabetes*, Vol.60.

Lindberg, Rebecca, Mark Lawrence, Lisa Gold & Sharon Friel (2014) "Food rescue—an Australian example", *British Food Journal*, Vol.116, Iss.9.

Neter, Judith J., S. Coosje Dijkstra, Marjolein Visser & Ingeborg A. Brouwer (2014) "Food insecurity among Dutch food bank recipients: a cross-sectional study", *BMJ Open* 2014：4；e004657.

Riches, Graham (2011) "Thinking and acting outside the charitable food box: hunger and the right to food in rich societies", *Development in Practice*, 21 (4−5).

Santini, Cristina & Alessio Cavicchi (2014) "The adaptive change of the Italian Food Bank foundation: a case study", *British Food Journal*, Vol.116, Iss.9.

Tarasuk, Valerie, Naomi Dachner and Rachel Loopstra (2014) "Food banks, welfare, and food insecurity in Canada", *British Food Journal*, Vol.116, Iss.9.

Webb, Karen L. (2013) "Introduction — Food Banks of the Future: Organizations Dedicated to Improving Food Security and Protecting the Health of the People They Serve", *Journal of Hunger & Environmental Nutrition*, No.8.

第5章

アメリカのフードバンク

——最も長い実践と研究の歴史

小関　隆志

1　フード・インセキュリティと食料支援政策

(1) フード・インセキュリティの状況

本章は福祉的観点からアメリカのフードバンク活動およびそれに関する研究や議論を取り上げるが、アメリカのフードバンク活動を理解する前提として、フード・インセキュリティ（後述）の問題と、政府による食料支援政策を踏まえる必要がある。

グローバルな議論においては、フード・セキュリティは国や地域全体のレベルで食料をいかに国民に提供するかという課題であり、急激な人口増加や経済成長に食料供給が追いつかず食料危機に至るという問題意識が背景にある。他方、フードバンク活動で論じられるフード・インセキュリティは、先進国における個人レベルの食料不足問題である。

フード・インセキュリティとは、アメリカ農務省によれば「経済的もしくはその他の資源の制約のために充分な食料にアクセスできない」状態を指す(Pruitt et al., 2016)。対義語のフード・セキュリティとは、「世帯員全員が行動的で健康な生活を送るために充分な食料へのアクセスが常にある状態」(Gundersen et al., 2011：283) とされる。

上記の定義は、食料の量的な過不足だけに着目したものであるが、他方、フード・セキュリティを「すべての人々が常に、物理的・社会的・経済的に充分な、安全な、健康的な食料にアクセスでき、行動的で健康な生活を送るために食事の必要性や食品の選好を満たす状態」（Chiu et al., 2016：2614）とする定義もみられる。空腹が満たされればよいという次元ではなく、食品の安全性や栄養、さらに食文化や宗教などに基づく食品の選好も視野に含めている点は、食品が人間の健康や生活に与える影響に対する近年の関心の高まりを反映したものといえよう。本章ではフード・インセキュリティについて、食料の量的な不足だけではなく、質的な不適切さも含めた後者の定義を採用する。

フード・インセキュリティに関する統計資料を見てみると、まず農務省の調査「アメリカの世帯のフード・セキュリティ2016」によれば2016年時点でフード・セキュリティの低い世帯が7.4%、フード・セキュリティの極めて低い世帯が4.9%である。こうしたフード・インセキュリティ率は所得や世帯構成、人種などと強い相関があり、所得が低いほどフード・セキュリティが低く、またひとり親世帯や黒人世帯はフード・セキュリティが低い傾向にある。ラテン系や黒人、未婚者、低学歴者は貧困でフード・インセキュリティになる割合が高いということは、他の統計分析でも示されている（Pruitt et al., 2016）。特にラテン系移民世帯は言語や生活のスキルの低さに加え、社会保障制度の無知や身分不安定のため、政府の補助的栄養支援事業（SNAP）を受給できていない割合が多く、食料不足に苦しみ、フードバンクなどの緊急食料支援を受ける割合が多い（ラテン系29%、白人11%）。地域別では、貧しい南部諸州の農村地帯やアラスカ州に、フード・インセキュリティが比較的集中している。

1998年以降の推移をみると、金融危機後の2008–2011年にピークの14.9%を迎えた後、景気の回復に伴って少しずつ改善の方向にある。ただし、フードバンクの全国組織フィーディング・アメリカ（Feeding America）は、このフード・インセキュリティ率の改善だけで判断するのは早計だと主張する。フード・インセキュリティ状態の人の食費不足額は2002年以降ほぼ一貫して上昇傾向にあり（2015年は週当たり17.38ドル分不足）、失業や低賃金、物価高騰などにより低所得者の家計が一層苦しくなっているという。

さらにフードバンクの利用者を対象とした調査によると、当初は一時的に困窮した人々にフードバンクは緊急の食料支援を提供していたが、緊急支援から次第に長期間継続的な支援へと変容しつつある。フィーディング・アメリカの調査によれば利用者の54%が過去に6か月かそれ以上の期間、フード・パントリーに繰り返し現れている。中でも65歳以上の高齢者は、その半数以上が繰り返し利用している。こうした繰り返し利用の一因はSNAPと深く関連しており、SNAPの援助が受給者に必要な栄養を充分満たさない世帯ほどフード・パントリーに恒常的に依存するようになるという。この点は、政府の食料支援政策をフードバンク活動が補完している状況を如実に物語っている。

(2) フード・インセキュリティと食料支援政策の歴史的経過

こうしたフード・インセキュリティ問題と、政府の対応策は長い歴史を有している。以下では、ポペンディエク（Janet Poppendieck）に従って歴史的経過を把握しておこう（Poppendieck, 1997；2014)。アメリカでは1929年の大恐慌によって生じた深刻な食料不足と、農産物の過剰生産に対処するため、フーバー政権とF.ルーズベルト政権が過剰農産物を生活困窮者に配分する事業を始めた。学校を通して農産物を無償配布したり、貧困層が食料品店でフードスタンプと農産物を交換できるようにしたりしたのである。こうした政策がその後現在まで形を変えて存続し発展してきた政治的背景のひとつは、農産物の販路を拡大したい農村出身の国会議員と、無料の食料を受け取りたい都市部出身の国会議員との取引があって、ほんらい貧困層への現金給付が望ましいにもかかわらず食料の現物支給政策への予算が増額された。また、1960年代後半には反貧困の活動家によるロビー活動により、1970年代にかけて貧困層の食料受給資格が緩和された。その結果、食料支援の連邦予算は1967年から1980年までの間に5倍に増えた。

1980年代のレーガン政権下では貧困層への福祉支出が大幅に削減されたことから、困窮した貧困層に対して緊急に食料を配給するフードバンクが教会などによる民間慈善事業として各地に登場し、その数を急速に増やすこととなった。クリントン政権はいわゆる福祉改革（1996年の個人責任及び就労機会調整法）においてワークフェア政策を進め（要扶養児童家庭扶助（AFDC）から貧困家庭一時扶助（TANF）への変更による受給資格の制限など)、州政府による公的扶助支出に上限額を設けたが、これに対し食料支援政策は農務省の利権維持の思惑や経済波及効果への期待もあって予算増を続けており、政府はフードバンクなどに委託してフードスタンプ（2008年に補助的栄養支援事業Supplemental Nutrition Assistance Program：SNAPと改称）のさらなる普及を進めている。

貧困層に対する公的扶助としては、最低生活費を補充するため、当事者が自由に使途を決められる現金を給付することが基本であるはずだが、アメリカでは農業関連の政治勢力と農務省の利権、保守勢力による福祉予算削減の圧力によって、現金給付は次第に削減され、食料の現物支給による補完が大きな位置を占めるという、いびつな構造が長年にわたって定着してきた。さらに政府による食料の現物支給の不足分を民間のフードバンクが補完するという位置づけになっている。

連邦政府（農務省）による主な食料支援事業は、補助的栄養支援事業（SNAP；かつてのフードスタンプ）、女性・乳児・児童のための特殊補助的栄養事業（WIC）、学校給食、夏季食料提供事業（SFSP）、児童・成人ケア食料事業（CACFP）があり、計15種類にのぼるこれらの事業は農務省の年間予算の7割以上を占める（RTI International, 2014）。SNAPは、最低生活費の130％以下の所得水準の世帯に支給され、2013年度には4,760万人が受給した。WICは、最低生活費の185％以下の所得水準で5歳未満の子どもまたは妊娠した女性のいる世帯に支給され、2013年度には870万人が受給した。学校給食は、最低生活費の130％以下または185％以下の所得水準の世帯の子どもに対して給食費（朝食・昼食）を減免するもので、2013年度には3,070万人が昼食費の減免、1,320万人が朝食費の減免を受けた。このほか、フードバンクの団体に対する補助金（TEFAP）なども存在するが、アメリカ人の約4人に1人は何らかの食料支援制度の恩恵を被っている。

2　フードバンクの概要

(1) フードバンクの歴史的展開

世界最初のフードバンクはアメリカのアリゾナ州フェニックスで誕生した。最初のフードバンク「セント・メアリーズ・フードバンク」（St. Mary's Food

Bank Alliance）の設立者はスープキッチン（生活困窮者のための無料食堂）でボランティアをしていたジョン・ヴァンヘンゲル（John van Hengel）であった（大原，2008：31）。ヴァンヘンゲルは、商品価値のなくなった食料がまだ食べられるのに、スーパーマーケットで捨てられていることを知り、店から食料を譲り受け、教会の倉庫に保管し、福祉団体に支給するという事業を始めたのである。

セント・メアリーズ・フードバンクは1975年に政府から補助金を得て、フードバンクを全国に普及する活動を始めた。セント・メアリーズ・フードバンク設立10年後の1977年には18市でフードバンク団体が設立されるなど、フードバンクは徐々に普及し始めた。1976年に設立されたフードバンク普及組織が、1979年に全国ネットワーク組織セカンド・ハーベスト（Second Harvest；後年カナダなどにもSecond Harvestが設立されたことからAmerica's Second Harvestに改称）に改組され、さらに2008年にはフィーディング・アメリカ（Feeding America）と改称して現在に至る。フードバンク団体の90％以上は、政府が福祉予算を大幅に削減した1981年以降に設立されている。

(2) フードバンクの現状

アメリカのフードバンク団体は、各団体によって多少の差異はあるが、基本的に倉庫型である。すなわち企業や一般市民、農家などから食料の寄付を受け（あるいは食料を購入し）、倉庫などに保管し、フード・パントリーやスープキッチン、福祉団体などに配給するという食料仲介ないし物流中継の機能を担っており、最終受益者に直接、食料を配給するわけではない。フード・パントリーやスープキッチン、福祉団体などは、フードバンクから食料の寄付を受け、あるいは自らも直接、近隣の食品製造業者や食料品店、レストラン、一般市民などから食料を集めて、生活困窮者などに食料を配給する。後述のように、フード・パントリーやスープキッチン、福祉団体などは食料の配給だけを行っているとは限らず、他の福祉サービスも併せて提供していることが多い。

全国ネットワーク組織フィーディング・アメリカが公表している統計データをもとに、アメリカのフードバンクの現状をみておきたい。

フィーディング・アメリカに加盟するフードバンク団体は200（2016年度）

で全50州・首都DC・プエルトリコを網羅している。フード・パントリーなど生活困窮者に食料を配給する事業は全国に約6万あると推計されている。フィーディング・アメリカの年次報告によれば、2016年度には加盟団体全体で37.8億食に相当する食料（卸価格で7.5億ドルに相当；農務省の基準に従い1.2ポンドの食料を1食分と換算）を4,600万人（全人口の7分の1に相当）に提供した。この食料の調達元は多様だが、37.8億食のうち13億食分は小売店からの寄付、7億900万食分は食品製造業からの寄付、7億200万食分は連邦政府からの補助金（Commodity Supplemental Food Program：CSFP、The Emergency Food Assistance Program：TEFAP）、6億1,500万食分は青果の寄付、4億9,500万食分は購入した食料、2億食分はSNAP、2,600万食分は飲食店からの寄付であり、公的資金や購入分もあるが大部分は小売店や食品製造業など企業からの寄付である。

フィーディング・アメリカの試算によれば、貧困層が直面する食費不足（すなわち食料支援の需要）は87億食分にのぼり、そのうちフィーディング・アメリカ加盟団体が現在供給している37.8億食（2016年度）と、他の団体が供給している20億食分を差し引くと、30億食分がまだ不足している。そのためフィーディング・アメリカは2025年までに達成する目標としてこの不足分を埋めるべく、食料の供給量を増やすとともに、需要水準自体を引き下げるために他団体と協働して利用者の抱える生活を安定させるという長期目標を掲げた。この点は、連携型福祉サービス（後述）の重要性をフィーディング・アメリカが明確に意識したことを示している。フィーディング・アメリカの主な機能は以下のとおりである。

▶寄付金を獲得し、加盟団体に助成（2016年度の寄付金収入1億1,976万ドルのうち企業からの寄付が68%で約3分の2；助成金は2015年度に計4,000万ドル）

▶全国規模の食品製造業者と契約し、食品の寄付を受け、加盟団体に配分

▶加盟団体に対して、年会費の支払い、食料配給実績報告および年次事業報告の提出を求めるほか、隔年の立入検査、運営面の助言、教育訓練などを実施

▶調査、アドボカシー、メディアへの広報など

3　研究者によるフードバンクへの問題提起

(1) フード・インセキュリティ、食料支援政策およびフードバンク関連

フード・インセキュリティは伝統的に、国全体が貧困と飢餓に陥っている途上国の問題であって、先進国はいかに途上国を支援するかという視点から、食料支援政策が論じられてきた。しかし先進国においても、1980年代以降の新自由主義勢力の台頭と政府の福祉予算削減を契機として貧困が深刻化し、フード・インセキュリティは先進国内の格差・貧困の文脈から研究され、またその対策としての食料支援政策やフードバンクについても論じられるようになった。こうした研究や議論は、少なくとも筆者が英語文献を検索・収集した限りでは、アメリカやカナダをはじめとするアングロサクソン諸国が中心であったが、2010年代に入ってからは大陸ヨーロッパ諸国などにも少しずつ広がりをみせている。

こうした分野の研究や議論は、先進国に共通した側面とともに、各国の背景の違いも持ち合わせている。公的扶助として食料の現物支給政策を続け、また最も長いフードバンクの歴史をもつアメリカは研究の蓄積も最も多い。次いでカナダは、アメリカには及ばないが30年以上の長いフードバンクの歴史をもつ半面、連邦政府は食料支援政策を一切行っていないため、フードバンクに対象を限った研究が多く積み重ねられてきた。これらとは対照的なのがイギリスであり、2010年に成立した保守連立政権が緊縮財政と福祉改革を進め、フードバンクによる緊急食料支援が爆発的に増加している。こうした社会のドラスティックな変化をどう受け止めるべきかに注目が集まっており、フードバンク関連の論文も2014年頃から目立ち始めた。

ちなみに日本国内の研究動向をみると、先進国のフード・インセキュリティ、食料支援政策ないしフードバンクを中心に据えた研究はまだ現れていない。アメリカの貧困問題と社会保障に関する研究は、現金給付の公的扶助制度と1996年福祉改革を扱ったものが多く（稲葉，2014；佐藤，2014など）、フード・パントリーを分析した根岸（2015）は珍しい。

先進国におけるフード・インセキュリティや食料支援政策、フードバンクを

めぐる近年の研究を、アメリカ、カナダ、イギリスを中心として整理すると、「食料権利論」「地域フード・セキュリティ論」「栄養と健康」などに大別される（表5−1）。

表5−1　フード・インセキュリティ、フードバンクに関する研究動向

	食料権利論（RTF）	地域フード・セキュリティ論（CFS）	栄養と健康	その他
アメリカ	政府の福祉改革や食料支援政策に対する批判。フードバンクの慈善活動が食料への権利を糊塗していると批判（Janet Poppendieck, Molly Anderson）	地域フード・セキュリティの意味が、歴史的経過や思想の系譜によって多様になっていることを指摘（Anne C. Bellows,Wei-ting Chen, Christine McCullum ら） 住民参加型による食料支援の意義（Christine McCullum, Michele Silver ら）	フードバンク利用者の健康状態を測定（Karen L. Webb, Hilary K. Seligman ら） フードバンクの食品の栄養を測定（Anne Hoisington, Marilyn S. Nanney ら） フード・インセキュリティの貧困層の属性分析や原因の解明、健康・ストレスに与える影響（Chrryl A.Oberholser, Chung-Yi Chiu ら）	政府の食料支援政策の効果と課題（Craig Gundersen, Chad D. Meyerhoefer ら） 政府の食料支援とフードバンクの関係（Gandhi Raj Bhattarai, Sharon Paynter ら） フードバンク利用者の属性、健康状態の測定（Sandi L. Pruitt ら） フードバンクの運営方法（Deishin Lee ら）
カナダ	政府の福祉改革がフードバンクの増加や制度化につながり、その反面、食料への権利が否定されたとして批判（Graham Riches, Valerie Tarasuk ら）	地産地消型、受益者参加型のフードバンクに焦点を当て、従来型のフードバンクとの比較（Federico Roncarolo ら）	フードバンクの食料は、必要とされる栄養水準に満たないとの批判（Valerie Tarasuk, Linda Jacobs Starkey ら） フードバンク利用者の健康状態を測定（Federico Roncarolo ら）	政府部署と市民社会の対立（Barbara Send ら）
イギリス	フードバンクが急増した原因は、政府の財政緊縮と福祉改革にあると主張（Steven Kennedy, Elizabeth Dowler, Hannah Lambie-Mumford ら）	（なし）	フードバンクの食品の栄養を測定（Sophie E. Pelham-Burn ら） フードバンク利用者の健康状態を測定（Kayleigh Garthwaite ら）	食料不足状態を測定（Elizabeth Dowler, Hannah Lambie-Mumford） 宗教団体による偏った食料配給（Madeleine Power ら）

出所：筆者作成

食料権利論は、新自由主義的福祉改革が飢餓に苦しむ大勢の貧困層を生み出したことを強く批判するとともに、フードバンクに対しても否定的である。すなわち、食料への権利を守る第一義的な責任は政府にあるのに、フードバンクは食料への権利を脱政治化して慈善活動にすり替えているし、またフードバンクが食料を配給してもすべての貧困層に充分行きわたらず、問題の解決につながらないという。したがって食料権利論は貧困層が経済的に自立して購買力を得られるようにすべきだと主張する。ただしポペンディエクは、フードバンクが近年は食料支援政策の後退を阻止し、公的扶助の擁護者として立ち現れている点を指摘しており（Poppendieck, 2014：188-189）、フードバンクに対する評価が変わりつつある。

地域フード・セキュリティ論（Community Food Security：以下CFS）は1980年代末頃に登場した比較的新しい概念である。CFSは貧困層に食料を供給するというにとどまらず、地域レベルで食料生産者（主に農家）と消費者をつなげることで、地域における持続可能な食料の供給と消費、住民の福利厚生を図るという点が、反飢餓（Anti-Hunger）運動と異なる特徴だといわれている（Chen et al., 2015）。一般にCFSは「地域の自立・社会的正義・民主的な意思決定を最大化させる持続可能な食料システムを通して、すべての地域住民が安全で文化的に受け入れ可能で、栄養的に十分な食事を入手できる状態」（Chen et al., 2015）と定義され、地産地消や参加、農業といった要素が重視される。CFSは、貧困層のみをターゲットにした反飢餓運動に対するオルタナティブとして、地域単位の長期的な食料安全保障のシステム構築を視野に入れている（Bellows and Hamm, 2002）。

こうした思想に共感して活動するフードバンク団体も少なくない。余剰食品の寄付を受け取るだけではなく住民参加型で農業に従事し、農産物を供給するフードバンクもある（Vitiello et al., 2015）ことから、従来型とCFS型の食料支援で利用者の属性や事業の成果にいかなる差があるのかを比較した調査研究も現れた（Roncarolo et al., 2014, 2016）。ただしCFSの概念は実践家のレベルでは多義化しているとの指摘もある（McCullum et al., 2002）。

栄養と健康に関しては、栄養学などの立場から、生活困窮者に対する緊急食料支援に果たして栄養要素の面で問題ないのか、利用者の健康状態はどうなのかといった関心に基づき、配給される食料の質・種類や利用者の健康・ストレスを調査する実証研究が多い。配給される食品の栄養調査は、寄付された余剰食糧であることや食料の流通態勢の不備などから栄養の偏りが生じたり野菜・果物・乳製品などの生鮮食品が不足したりして、糖尿病や極度の肥満など健康悪化につながる恐れがあるといった問題意識に立っている。フードバンクの食料のうち果物や牛乳が少ないという調査結果（Hoisington et al., 2011）、いくつかのフードバンクを比較したところ栄養面の格差が大きく、合格レベルに達する団体はわずかにとどまるといった調査結果（Nanney et al., 2016）、栄養面について明文化した基準を持つフードバンク団体が少ないとの指摘（Campbell et al., 2013）など、問題を指摘する研究が目に付く。アメリカ・カナダ・オーストラリアなど各国の研究レビューによれば、個別の調査結果に違いが大きいものの、一般的に栄養が基準を下回る（特に青果の摂取量が不足）例が多く、寄付食品に依存するだけでは不十分だと指摘されている（Simmet et al., 2016；Bazerghi et al., 2016）。

利用者の健康調査は、(1) フードスタンプやフードバンクなどの食料支援を利用する生活困窮者はそもそも健康状態が優れていないことを示し、国の福祉政策に問題提起したいという動機による調査と、(2) 食料支援は利用者の健康にいかなる影響をもたらしているのかを解明したいという動機による調査とがある。(1) の例としては、近年フードバンクの利用が急増したイギリスで利用者が健康状態を悪化させたとする調査（Garthwaite et al., 2015）、(2) の例としては、アメリカ政府の食料支援事業がフード・セキュリティを高めたとする見解（Gundersen et al., 2011）、食料支援事業の利用者の健康状態が低いとする調査（Pruitt et al., 2016）、フードスタンプ受給者に肥満が多いとする調査（Meyerhoefer and Pylypchuk, 2008）などが挙げられる。アメリカは長年にわたりフードスタンプ（現SNAP）をはじめとする公的食料支援事業が公的扶助の中で大きな位置を占め、公的食料支援事業の利用者とフードバンクの利用者が高い割合で重複する。SNAPだけでは食費を賄いきれない世帯がフードバンクの食料で補完するというパターンも恒常化しており（Bhattarai et al., 2005）、公的食料支援事業とフードバンクの食料支援を一体として捉えたほうが現実的であろう。

(2) 連携型福祉サービスの可能性

多様な先行研究の中で、食料権利論によるフードバンク批判は最もラディカルで、福祉の観点から重要な問題提起である。食料にアクセスする権利を保障する政府の責任かあるいは民間の慈善事業かという問いだけでなく、公的扶助は現金給付か現物給付かという問いでもあるし、短期的な支援か中長期的な自立支援かという問い、アドボカシー活動の重要性、さらにはワークフェアの是非の問いでもある。食料権利論の論理を突き詰めれば、フードバンクはいやおうなく否定的に評価されることになるが、しかしフードバンクの存在意義を一面的に否定しきれるものだろうか。

日本のいくつかのフードバンクは、自治体と連携して生活困窮者に食料を提供し、食料をきっかけにして彼らを生活相談の窓口にいざない、生活保護や就労支援につなげている。食料配給の栄養面だけを評価の基準にするのではなく、また「一時的な支援だから自立につながらない」と即断するのではなく、他の福祉プログラムや関係団体との連携によって利用者の生活状況の改善や長期的な自立支援にどれだけ貢献できるのかを、総体として評価してもよいのではなかろうか。フードバンクは既存の公的扶助の代替ではなく拡充として位置づけ、他の福祉サービスと連携することで相乗効果を期待できるのではないか。生活困窮者の自立には食料だけでなく医療、住宅、就業などの課題を解決する必要があるとの指摘（Sano et al., 2011；Chiu et al., 2016）は筆者も同感である。

母子世帯やホームレスなどに対して複数の福祉サービスを連携して提供することの効果は多くの実証研究で検証されてきたが（たとえばO'Toole et al., 2016；Spielberger and Lyons, 2009；Minas, 2016）、アメリカのフードバンクは食料支援と他の福祉サービスを連携して、生活困窮者に長期的で多様な支援を提供する試みを行っているのだろうか。

4　フードバンクによる新たな挑戦

本節では、アメリカのフードバンク団体への現地調査をもとに、フードバンクが先行研究の批判・問題提起にどう応えようとしているのかを明らかにする。2016年3月、本書執筆者の佐藤、上原および筆者が下記の団体を訪問して、聴き取りおよび施設の視察を行った。

①フィーディング・アメリカ（フードバンクの全国ネットワーク組織）
②ノーザン・イリノイ・フードバンク（NIFB）（フードバンク団体）
③グレイター・シカゴ・フード・デポジトリー（GCFD）（フードバンク団体）
④ピープルズ・リソース・センター（PRC）（フード・パントリー）

表5-2　現地訪問先団体の概要

団体名	フィーディング・アメリカ	ノーザン・イリノイ・フードバンク	グレイター・シカゴ・フード・デポジトリー	ピープルズ・リソース・センター
活動対象地域	アメリカ全国	イリノイ州北東部の13郡	イリノイ州クック郡	イリノイ州デュページ郡
活動拠点	本部（イリノイ州シカゴ市）、アドボカシー用事務所（ワシントンDC）	西部郊外センター（イリノイ州ジェノバ市）、北部郊外センター、北西部センター、南部郊外事務所	本部（イリノイ州シカゴ市）	本部（イリノイ州ウィートン市）、支部（イリノイ州ウェストモント市）
設立年	2008年（1979年前身のSecond Harvest設立）	1983年	1979年	1975年
年間収入（2016年度）	24億7,883万ドル（現物・サービスを除くと1億9,028万ドル）	1億3,510万ドル（現物・サービスを除くと2,058万ドル）	1億622万ドル（現物・サービスを除くと3,483万ドル）	928万ドル（現物・サービスを除くと297万ドル）
事業内容	・寄付金を獲得し、加盟団体に助成 ・寄付食品を受け入れ、加盟団体に配分 ・加盟団体への検査、助言、教育訓練 ・調査、アドボカシー活動	・寄付食品を受け入れ、施設に食料配給 ・子どもへの食料配給（政府委託事業） ・トラックで食料を受益者に直接提供 ・SNAP申請の促進 ・栄養教育（政府・民間助成事業） ・調査への協力、アドボカシー活動	・寄付食品を受け入れ、施設に食料配給 ・子どもへの食料配給（政府委託事業） ・高齢者への食料配給 ・元兵士への食料供給（フード・パントリー） ・トラックで食料を受益者に直接供給 ・SNAP申請の促進 ・調理師養成事業 ・調査への協力、アドボカシー活動	・フード・パントリー ・緊急住宅支援 ・衣類の提供 ・緊急時の生活費扶助 ・コンピューター教室 ・芸術教室 ・就職活動支援 ・他のサービスへの紹介 ・アドボカシー活動
事業規模（2016年度）	食料配給　37億食分 受益者数　約4,600万人 加盟フードバンク団体200	食料配給　6,250万食分 受益者数　子ども250万人、高齢者17万人 配給先施設（フード・パントリー、スープキッチン、シェルターなど）約800	食料配給　6,000万食分 受益者数　81万人 配給先施設（フード・パントリー、スープキッチン、シェルターなど）約700	食料配給　約2万食分 受益者数　3万人

出所：各団体ウェブサイト、各団体からの提供資料をもとに筆者作成

図5-1　現地訪問先団体の活動対象地域（イリノイ州北部）

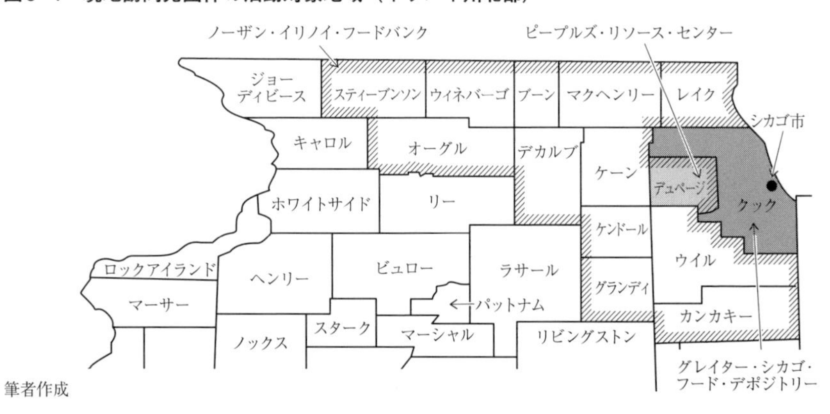

筆者作成

訪問先各団体の概要は表5-2の通りであるが、これらはいずれもアメリカ・イリノイ州北東部に位置している（図5-1）。フードバンク団体であるノーザン・イリノイ・フードバンク（NIFB）とグレイター・シカゴ・フード・デポジトリー（GCFD）はフィーディング・アメリカの加盟団体として全国のフードバンク運動の一翼を担っており、GCFDはシカゴ市のあるクック郡をカバーし、NIFBはクック郡以外のイリノイ州北東部13郡をカバーしている。コミュニティ団体であるピープルズ・リソース・センター（PRC）はNIFBなどから寄付食料を受け入れ、デュページ郡の地域住民を対象にフード・パントリーを開いている。

（1）栄養と健康

写真5-1　フィーディング・アメリカ

館内でのインタビューの模様
筆者撮影

前節で整理した先行研究の批判・問題提起に対して、フードバンク団体が最も積極的に答えようとしてきたのが栄養面の改善である。フィーディング・アメリカは2012年、「推薦する食料」(Foods to Encourage；F2E）という取り組みを始めた。栄養や医療の専門家を集めた会議を開き、「栄養」の意味を検討したうえで、フードバンクが配給する食料の栄養をより正確に評価・記録する仕組み「推薦する食料」を設け、加盟フードバンク団体に対して、この仕組みの利用を推奨した。「推薦する食料」は13種類の食料を列挙し（穀物、果物、肉、野菜、コメなど）、それ以外の食料（調理済みの食事、調味料、パンなど）から区別した。「推薦する食料」の個別の基準として、たとえば穀物は100％全粒粉であるとか、缶詰・冷凍などの保存食品に含まれる塩分・糖分・脂肪が一定量以下であるなどの基準が設けられた。そして、この13種類の食料の供給割合を食料全体の75％にまで引き上げるとの目標を掲げたが、2016年時点の実績は68％であった。2010年段階では、食料の栄養価を詳細に評価する方針やシステムを整備したフードバンクは一部にとどまっていたが（Handforth et al., 2012)、フィーディング・アメリカ全体としてはこの5年間に栄養重視の方向性を打ち出してきた（2016年3月11日聴き取り）。なかには、糖尿病患者に特別食を提供し、医者を紹介するなどして、患者の健康改善に効果を上げたフード・パントリーも現れた（Seligman et al., 2015)。NIFBは子どもに栄養教育を行っているが、これはビデオとウェブサイトで調理法を示し、健康に良い食料を普及する活動である（2016年3月10日聴き取り）。

団体による温度差もあるが、フードバンクは寄付された余剰食品をただ無条件に受け入れて、栄養面に何の配慮もせずに配給するだけの存在ではないということは言えよう。

(2) 地域農業との連携

地域フード・セキュリティ論（CFS）の提唱するような地域農業との連携や住民参加型の活動は、今回訪問したフードバンク団体は行っていなかった。筆者はフィーディング・アメリカの幹部スタッフに見解を尋ねたところ、「コミュニティ農園はフードバンク団体と関わりながら、近隣住民に共同耕作用の土地を提供してきた。フードバンク団体はコミュニティ農園から農産物を受け取ったり、コミュニティ農園を自ら運営したりと、かかわりを持っている。フィーディング・アメリカは加盟フードバンク団体に、農園運営の情報を提供している」との回答を得た。地域農業との連携を志向する実践も存在しているようである。

(3) アドボカシー活動

食料権利論によるフードバンク批判のひとつは、フードバンクが飢餓やフード・インセキュリティの問題を脱政治化し、慈善活動にしてしまったというものであった。

確かにフードバンク活動の中心は食料配給という慈善活動であるが、完全な脱政治化ではなく、アドボカシー活動は盛んに行われている。フィーディング・アメリカは加盟団体とともに、連邦政府に対して、既存の食料支援政策（WIC、TEFAP、CSFP、食料寄付減税など）の維持・更新・予算増を求めてロビー活動を行っている。NIFBやGCFDは、イリノイ州内にある50～60団体とともに「イリノイ飢餓終焉評議会」（Illinois Commission to End Hunger）を結成し、州政府に食料支援政策の予算増・受給資格拡大を要求している。

食料権利論の立場からすれば、食料の現物支給政策の拡充ではなく、むしろ現金による公的扶助と長期的な自立支援こそが理想的ではあろうが、ポペンディエクの指摘のように（Poppendieck, 2014）、保守強硬派が福祉関連予算を削減しようと絶えず機を窺っている状況下では、既存の政策の維持に努めることが現実的な生活困窮者支援戦略とならざるを得ない。むしろ、フードバンク団体が公的扶助の擁護者として立ち現れつつある点は注目に値する。それは政府や政治家に対するロビー活動だけではなく、近年力を入れているSNAPの申請促進活動にもみられる。SNAPの利用資格を満たす者の17％を占める未利用者に申請を呼びかける活動である。フードバンク団体はエージェンシーを通して利用者にSNAPへの申請を促しているが、申請数は2016年度に約24.1万件となり、2012年度と比べて2倍以上に増えた（フィーディング・アメリカ2016年度報告書）。SNAP申請促進活動自体は農務省による補助事業であるものの、フィーディング・アメリカは10年計画（2016～2025年）にもSNAPへのアクセス拡大を掲げ、主体的に取り組んでいる。SNAPの申請数を増やす地道な活動が、食料支援政策を下から支えることにつながるからである。

(4) 連携型福祉サービス

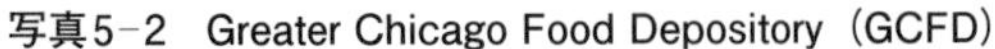

写真5-2 Greater Chicago Food Depository（GCFD）

Chicago Community Kitchenにおける調理実習
筆者撮影

連携型福祉サービスの例として、筆者らが訪問したグレイター・シカゴ・フード・デポジトリー（GCFD）によるコミュニティキッチン（Chicago's Community Kitchen）事業は、フードバンクが職業訓練の領域に拡大した好例といえる。GCFDは1998年、クック郡に住む失業者や不完全雇用者を対象として、14週間に無料の職業訓練事業を始めた。事業所内の専用厨房で調理師を養成し、卒業後に飲食業に就職させることで失業・貧困からの脱却を図ることが目的である。12週間かけて調理方法やマーケティングを訓練した後、最後の2週間は飲食店でのインターンシップを経験させる。卒業時にはGCFDから履歴書と推薦状を受け取り、就職活動の支援を受けることができる。1998年の開始以来、累計1,200名が卒業した。2015年には、卒業生の90%が就職に成功し、就職者のうち75%は社会保険付きの正規雇用であった（GCFDウェブサイトおよび聴き取り2016年3月14日)。

他の領域への拡大は、しかし無限にできるわけではない。フードバンク団体は、医療や教育、住宅、就労など他分野の支援団体と連携しながら、生活困窮者の自立に向けた多様な福祉サービスの体系を構築することが望まれる。

フィーディング・アメリカによる「利用者のための協働」(Collaborating for Clients；以下C4C) は、フードバンク団体が他分野の支援団体と連携して包摂的な福祉サービスを展開しようとする新たな試みである。フィーディング・アメリカは、フード・インセキュリティの原因が失業や貧困、低資産にあり、食料のニーズだけが孤立して存在しているわけではなく住宅、健康、就労・所得といったニーズが複合して存在しているという認識を示した。

C4Cはターゲット層を子どものいる世帯と定め、世帯の優先的なニーズをフード・セキュリティ、安定した住宅、健康、安定した所得の4つに特定した。フードバンク、診療所、法律支援、雇用開発、商工会議所、住宅公社が連携し、ターゲット層のニーズを満たすために協働するという枠組みの下、各地域の事情に応じてモデルを柔軟に設計した。

フィーディング・アメリカは2013～2014年にC4Cの構想を固め、2015年10月にC4Cのパイロット事業 (3年間) を引き受けるフードバンク5団体を公表した。フィーディング・アメリカのC4C担当オフィサーのデリー (Maura Daly) は、「飢餓は複雑な問題であり、フード・パントリーを訪れる利用者は食料だけでなく家賃や公共料金、保育、医療費などにも苦しんでいる。他の福祉サービスと連携することで、利用者の生活を改善できると信じている」と、C4Cに取り組む動機を述べる。

C4Cが依拠する協働の方法論は「集団的インパクト論」である。「集団的インパクト論」は、複合的な問題に取り組む際に単一の組織ではなく、ビジョンを共有する複数の組織が協力しあうことで目標を達成できるという方法論である (Collective Impact Forum)。

他方、フード・パントリーなどのエージェンシーによる連携型福祉サービスの提供もあり、食料以外に衣服や家具の提供、住宅・公共料金・暖房の支援、診療、職業訓練、助成金、一般的な情報提供、他のサービスへの紹介など幅広いサービスにわたる (Feeding America 2014)。コネチカット州ハートフォード市のクリサリス・センター（Chrysalis Center）はフード・パントリー、料理教室、栄養教育・カウンセリング、職業紹介、食料支援事業への紹介、アフォーダブル住宅の提供などを住民に提供しているNPOだが、この団体が利用者を比較調査したところ、フード・パントリーだけを利用する住民よりも、多様なサービスを利用する住民のほうが自立につながることがわかった（RTI International, 2014）。

写真5-3　People's Resource Center（PRC）

フード・パントリー
筆者撮影

今回筆者らが訪問したピープルズ・リソース・センター（PRC）も、地域住民に対し多様なサービスを提供する団体のひとつである。PRC利用者（実利用者は約7000世帯）の95％は低所得者である（2016年3月10日聴き取り）。PRCは利用者から本人の状況や希望を聴き取り、メンタルヘルスケアや職業訓練、保育、住宅購入など他の支援団体を紹介する。利用者がPRCのセンターに足を運ぶ主な理由はフード・パントリーで無料の食料を入手することにあるが、

PRCスタッフは利用者に対して他のサービスの利用を促す。PRCのセンターには、英語やコンピューター、絵画、コミュニティ・カレッジの講座があり、中古の衣服も提供して、長期的に自立につなげていこうという方針である。

食料供給の卸機能に特化してきたフードバンク団体だけでなく、食料を含めた多様な福祉サービスを利用者に提供するエージェンシーを含めたネットワークを総体として捉え、連携型福祉サービスの観点からその機能を評価する必要があるだろう。

パイロット事業C4Cをはじめとして、フードバンクは今や連携型福祉サービスを志向している。特にC4Cは利用者のターゲットを明確化し、活動分野や成果評価のモデルを設定して、多様な福祉サービス提供による利用者の自立への道筋を戦略的に描いている。

フードバンク利用者の多くが抱える飢餓や貧困の問題は一時的なものではなく、緊急の食料支援は恒常的な食料支援に変質しつつあること、また長年のフードバンクの活動にもかかわらずフード・インセキュリティは解消していないこと、フードバンク利用者の生活課題は食料だけでなく住宅・医療・就労などが複合していることから、フードバンクの戦略も緊急食料支援から長期的な自立支援へのシフトが迫られている。この傾向は、食料権利論のフードバンク批判へのひとつの答えでもある。フードバンクによる食料支援は、それ自体が長期的な自立支援ではないとの理由で否定的に評価されるべきものではなく、連携型福祉サービスの中で新たな意義を見いだせるのである。

結論

アメリカのフードバンクは、政府の食料支援政策を補完する機能を果たしてきた。食料支援政策およびフードバンクに対しては、食料権利論や地域フード・セキュリティ論、栄養と健康をめぐる研究などが批判や問題提起を投げかけてきた。

フードバンクは「推薦する食料」という取り組みで栄養の改善を進めていること、アドボカシー活動によって政府の食料支援政策の維持に努めていること、また連携型福祉サービスを志向し、利用者の長期的な自立支援を目指していることを述べた。

フードバンク活動への視点について、連携型福祉サービスの可能性に着目した研究は、管見の限りでは見当たらなかった。今後はこうした研究が進むことを期待したい。

参考文献

稲葉美由紀（2014）「アメリカの貧困問題と社会福祉——母子世帯への開発的福祉の取り組みに関する一考察」『言語文化論究』（九州大学大学院言語文化研究院）32 号：71−90。

大原悦子（2008）『フードバンクという挑戦——貧困と飽食のあいだで』岩波書店。

佐藤千登勢（2014）『アメリカの福祉改革とジェンダー』彩流社。

根岸毅宏（2015）「アメリカ福祉国家の緊急食料支援における民間主導の構造—— FA ネットワークとその北バージニア地域の事例」『国学院経済学』第 63 巻第 2 号：193−240。

Bhattarai, Ghandhi R.; Duffy, Patricia A. and Raymond, Jennie（2005）"Use of Food Pantries and Food Stamps in Low-Income Households in the United States", *The Journal of Consumer Affairs*, Vol.39, No.2, pp.276−298.

Bazerghi, Chantelle; McKay, Fiona H. and Dunn, Matthew（2016）"The Role of Food Banks in Addressing Food Insecurity: A Systematic Review", *Journal of Community Health*, 41, pp.732−740.

Bellows, Anne C. and Hamm, Michael W.（2002）"U.S.-Based Community Food Security: Influences, Practice, Debate", *Journal for the Study of Food and Society*, Vol.6, No.1, pp.31−44.

Campbell, Elizabeth C.; Ross, Michelle and Webb, Karen L.（2013）"Improving the Nutritional Quality of Emergency Food: A Study of Food Bank Organizational Culture, Capacity, and Practices", *Journal of Hunger & Environmental Nutrition*, 8, pp.261−280.

Chen, Wei-ting; Clayton, Megan L. and Palmer, Anne（2015）*Community Food Security in the United States: A Survey of the Scientific Literature Volume II*, The Johns Hopkins Center for a Livable Future.

Chiu, Chung-Yi; Brooks, Jessica and An, Ruopeng（2016）"Beyond food insecurity", *British Food Journal*, Vol.118, No.11, pp.2614−2631.

Feeding America（2013）"In Short Supply: American Families Struggle to Secure Everyday Essentials".

Feeding America（2014）"Hunger in America 2014 Executive Summary: A report of Charitable Food Distribution in the United States in 2013".

Fiese, Barbara H.; Koester, Brenda Davis and Waxman, Elaine（2014）"Balancing Household Needs: The Non-food Needs of Food Pantry Clients and Their Implications for Program Planning", *Journal of Family and Economic Issues*, Vol. 35, Issue 3, pp.423−431.

Garthwaite, K.A.; Collins, P.J. and Bambra, C.（2015）"Food for thought: an ethnographic study of negotiating health and food insecurity in a UK foodbank", *Social Science Medicine*, 132, pp.38−44.

Gundersen, Craig; Kreider, Brent and Pepper, John（2011）"The Economics of Food Insecurity in the United States", *Applied Economic Perspectives and Policy*, Vol.33, No.3, pp. 281−303.

Handforth, Becky; Hennink, Monique and Schwartz, Marlene B.（2012）"A Qualitative Study of Nutrition-Based Initiatives at Selected Food Banks in the Feeding America Network", *Journal of the Academy of Nutrition and Dietetics*, Vol.113, No.3, pp.411−415.

Hoisington, Anne; Manore, Melinda M. and Raab, Carolyn（2011）"Nutritional Quality of Emergency

Foods", *Journal of American Dietetic Association*, 111(4), pp.573-576.

McCullum, Christine; Pelletier, David; Barr, Donald and Wilkins, Jennifer (2002) "Use of a participatory planning process as a way to build community food security", *Journal of the American Dietetic Association*, Vol. 102, N.7, pp.962-967.

Meyerhoefer, Chad D. and Pylypchuk, Yurly (2008) "Does Participation in the Food Stamp Program Increase the Prevalence of Obesity and Health Care Spending?", *American Journal of Agricultural Economics*, Vol.90, No.2, pp.287-305.

Minas, Renate (2016) "The concept of integrated services in different welfare states from a life course perspective", International Social Security Review, Vol.69, No.3-4, pp.85-107.

Nanney, Marilyn S.; Grannon, Katherine Y.; Cureton, Colin et al. (2016) "Application of the Healthy Eating Index-2010 to the hunger relief system", *Public Health Nutrition*, 19(16), pp.2906-2914.

O'Toole, Thomas P.; Johnson, Erin E. et al. (2016) "Tailoring Care to Vulnerable Populations by Incorporating Social Determinants of Health", Preventing Chronic Disease, 13.

Poppendieck, Janet (1997) "The USA: Hunger in the Land of Plenty", in: Graham Riches ed., *First World Hunger: Food Security and Welfare Politics*, MacMillan Press, pp.134-164.

Poppendieck, Janet (2014) "Food Assistance, Hunger and the End of Welfare in the USA", in: Graham Riches and Tiina Silvasti eds., *First World Hunger Revisited: Food Charity or the Right to Food? Second Edition*, Palgrave MacMillan, pp. 176-190.

Pruitt, Sandi L.; Leonard, Tammy et al. (2016) "Who Is Food Insecure?", *Preventing Chronic Disease*, Vol.13, Centers for Disease Control and Prevention.

Riches, Graham ed. (1997) *First World Hunger: Food Security and Welfare Politics*, MacMillan Press.

Riches, Graham and Salvasti, Tiina eds. (2014) *First World Hunger Revisited: Food Charity or the Right to Food? Second Edition*, Palgrave MacMillan.

Roncarolo, Federico; Bisset, Sherri and Potvin, Louise (2016) "Short-Term Effects of Traditional and Alternative Community Interventions to Address Food Insecurity", *PLOS ONE*, 11(3), pp.1-14.

Roncarolo, Federico; Adam, Caroline; Bisset, Sherri and Potvin, Louise (2014) "Traditional and Alternative Community Food Security Interventions in Montreal, Quebec: Different Practices, Different People", *Journal of Community Health*, 40, pp.199-207.

RTI International (2014) Current and Prospective Scope of Hunger and Food Security in America: A Review of Current Research.

Sano, Yoshie; Garasky, Steven; Greder, Kimberly A.; Cook, Christine C. and Browder, Dawn E. (2011) "Understanding Food Insecurity Among Latino Immigrant Families in Rural America", *Journal of Family Economics*, Issue 32, pp.111-123.

Seligman, Hilary K; Lyles, Courtney; Marshall, Michelle B. et al. (2015) "A Pilot Food Bank Intervention Featuring Diabetes-Appropriate Food Improved Glycemic Control Among Clients In Three States", *Health Affairs*, 34(11), pp.1956-1963.

Simmet, Anja; Depa, Julia et al. (2016) "The Dietary Quality of Food Pantry Users", *Journal of the Academy of Nutrition and Dietetics*, 117(4), pp.563-576.

Spielberger, Julie and Lyons, Sandra (2009) "Supporting low-income families with young children", *Children and Youth Services Review*, 31, pp. 864-872.

Vitiello, Domenic; Grisso, Jeane Ann; Whiteside, K. Leah and Fischman, Rebecca (2015) "From commodity surplus to food justice: food banks and local agriculture in the United States", *Agriculture and Human Values*, Vol.32, Issue 3, pp.419-430.

第6章

韓国のフードバンク
——政府主導下での急速な整備

小関　隆志

はじめに

本章は福祉的観点から韓国のフードバンクを取り上げる。アジア諸国では韓国に限らず台湾、香港、シンガポール、日本などでも近年フードバンク活動が盛んになっており、セカンドハーベスト・アジアを中心に、アジア諸国間の活動の交流も進んでいる。そのなかでも韓国の事例に注目するのは、後に詳述するように韓国は、政府主導で極めて短期間に全国規模でフードバンクの体系を構築するという、他国にみられない特異な経緯をたどった例だからである。現在でも政府系のフードバンク団体と、民間のフードバンク団体とに分離していることから、フードバンクに対する政府の関わり方について示唆を与えるものと思われる。

1　福祉政策の特徴

東アジア諸国は国家権力が強く、強大な官僚制が残るなかで、儒教的価値観のもとで福祉の責任が家族やコミュニティに帰せられ、福祉国家体制が充分築かれてこなかった（Common, 2000：144–145）、あるいは国家家父長制のもとで社会権が劣位に置かれて福祉制度の確立が立ち後れている（Tang et al., 2014：90）と指摘されてきた。なかでも「福祉の荒蕪地に近かった韓国は、西欧で福祉国家に対する反動により福祉社会への転換が本格的に制度化し始めた時点でも、福祉国家としての基本的な法制さえ整備されていない状態にとどまっていた」（鄭，2004：576）。

長年続いた軍事独裁政権のもとで経済成長を遂げる半面、1990年代の半ばまでの韓国の福祉制度や政府の福祉支出は後れていた（ホン，2005：81）。1997年の通貨危機を契機に政府は雇用保険や公的扶助の改革、国民皆保険・皆年金の実施を行い、福祉国家としての制度を整えるにいたったものの（金，2016：10）、依然として政府の福祉支出は欧米諸国と比べて量的に少なく（金，2004：39）、韓国の福祉供給における国家部門は政府支出とすべての社会保険基金の支出を合わせても40％に至らない（鄭，2004：596）。公的扶助である国民基礎生活保障制度は「広範な死角地帯」があり、絶対的貧困層（最低生計費基準を下回る所得）のうち、基礎生活保障の受給資格者は30％以下に過ぎない（金，2013：252）。「広範な死角地帯」というのは、生活困窮の状況にありながらも基礎生活保障の受給資格がないという意味で、主な原因としては「マーケットバスケット方式によって算定される低い最低生計費の水準、不合理的な所得認定額の算定方式、なかでも財産の所得換算率の高さによる所得認定額の過大評価、厳しい扶養義務者基準、厳格な労働能力有無の判定」などが指摘されている（金，2013：252）。基礎生活保障費が支給基準としている最低生計費は、中小都市に住む4人世帯を基準に算出して一律に適用するため、物価の高い大都市の住民や、追加的な費用を要する障害者世帯・高齢者世帯にとっては不十分になる（ムン，2005：168）といった問題があった。

基礎生活保障制度のみならず、高齢者のうち公的年金を受給している割合が3割弱に過ぎないことや、雇用保険の加入率が6割以下であることなど、社会保険制度が十全に機能していないことも問題として指摘されている（金，2013：254）。1990年代末の通貨危機を契機に福祉国家制度を整えたものの、それらの制度だけでは生活困窮者を充分に救済することができなかったといえる。

2　政府系フードバンクの歴史と現状

(1) 歴史的展開

韓国でフードバンクの議論が始まったのは1995年頃であり、当初政府はフードバンクを環境政策の一手段と見なしていたが、1997年にアジア通貨危機が勃発して大量の失業者・貧困者が発生すると、フードバンクは貧困者への福祉政策として位置づけられた。政府が福祉政策の一環として整備を主導してきたフードバンクを、ここでは政府系フードバンクと呼び、後述の民間フードバンクと区別する。

1998年1月には政府が全国4か所でフードバンクのモデル事業を始め、同年6月にはフードバンクが全国的な政策となり、9月にはフードバンク事業が全国に拡大した（章，2010：24）。

フードバンクに関する法制度・体制の整備としては、(1) 飲食料品の寄付を全額損金算入/所得控除、(2) 事故発生時の刑事上・民事上の免責条項、(3) 食品寄付総合情報システムの構築・運営、(4) 全国的な食品物流センターの運営、(5) 利用者保護のための生産物賠償責任保険の加入義務化と保険料負担、(6) 各フードバンクの運営費・人件費・設備費の補助、(7) フードバンクの業務マニュアル・評価マニュアルの策定、衛生管理・実務者教育など広範にわたる。2009年にはフードマーケットの設置も始まった。フードマーケットとは、店舗に陳列し利用者が必要な物品を選べるようにしたサービスである。

これらの政策の結果、フードバンクおよびフードマーケットの拠点数は、4か所（1998年1月）から437か所（2015年12月）に、食品寄付額は28億ウォン（1998年）から1,609億ウォン（2015年）に増えた（表6－1）。

「韓国のフードバンク事業は海外の国と比べると、その施行期間が短かったにもかかわらず、政府主導のもとで組織体系の整備が行われ、急速に拡大した」（キム・イ，2013）。韓国サイバー大学副総長チョン・ムソンも同様に、政府主導によりフードバンクが「全国に早く広がった、簡単に拡大した」と指摘している[1]。

表6-1　韓国フードバンクの拠点数推移

	全国フードバンク	広域フードバンク	基礎フードバンク	フードマーケット
1998年		3	1	
1999年		17	95	
2000年	1	17	181	
2005年	1	16	240	
2006年	1	16	261	
2007年	1	16	261	
2009年	1	16	261	25
2011年	1	16	283	115
2012年	1	16	281	126
2013年	1	17	280	127
2015年	1	17	291	127

出所：章（2010）、小林（2015）、全国フードバンクウェブサイトをもとに筆者作成

(2) 組織体系

韓国内には1998年のフードバンクの設立以降、政府の業務委託・支援によって運営されている政府系のフードバンク（以下、政府系フードバンクと略称）と、聖公会によって政府の補助なしで独自に運営されている民間のフードバンク（以下、民間フードバンクと略称）が併存する。ただし政府系フードバンクといっても、政府や自治体の直営ではなく、実務は民間団体に委託されている。

政府系フードバンクの組織体系は全国フードバンクを頂点とする三層構造からなる（図6-1）。

全国フードバンクは政府（保健福祉部）から受託した韓国社会福祉協議会（社会福祉協議会の全国組織）が運営する全国組織で、主な役割は（1）食品寄付総合情報システムの運営、(2) 中央物流センターの運営、(3) 寄付食品普及促進運動、(4) フードバンクおよびフードマーケット運営支援など、全国のフードバンク活動の促進である。韓国の社会福祉協議会は、全国、広域自治体、基礎自治体の三層構造であり、フードバンクの組織体系にそのまま対応している。

広域フードバンクは広域自治体（道および広域市）の指導監督のもと、物流センターを運営し、全国フードバンクから物品の配給を受けるとともに、独自に企業などから寄付品を受け入れて、域内の基礎フードバンク・フードマーケ

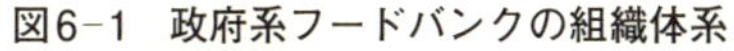

図6-1　政府系フードバンクの組織体系

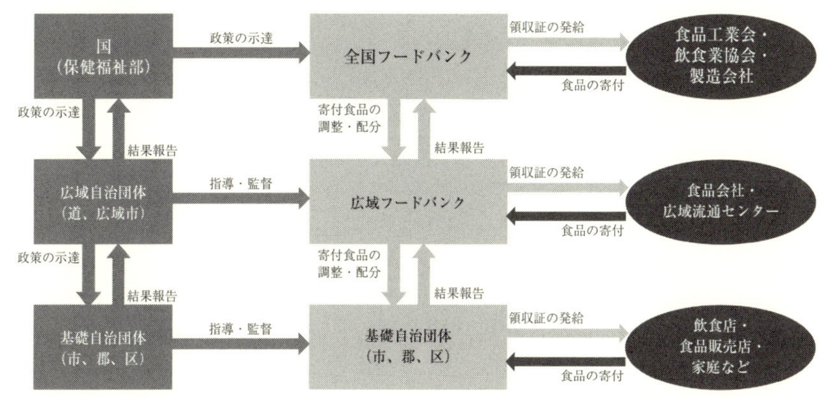

出所：章（2010: 26）、全国フードバンクウェブサイトをもとに筆者作成

ットに配給する。また、基礎フードバンク・フードマーケットの計画立案支援・指導、広報活動を担う。広域自治体レベルの社会福祉協議会などが広域フードバンクの運営を受託している。

基礎フードバンクは、基礎自治体（市・郡・区）レベルのフードバンクであり、広域フードバンクおよび域内の寄付者から物品を受け入れるとともに、最終配分団体に配給する。最終配分団体とは、「生活施設」（児童・高齢者・障がい者・女性の保護施設）、「利用施設」（地域社会福祉館[2]など）、その他の法人であり、これらの福祉施設の利用者が食品などを受け取る。2015年12月時点で基礎フードバンクは291、フードマーケットは127を数える。

基礎フードバンクおよびフードマーケットは自治体からNPOに委託されており（自治体直営の例も一部あるが）、受託している運営団体は基礎自治体レベルの社会福祉協議会、青年福祉財団、救世軍、カソリック社会福祉会、肢体障がい者協会、地域社会福祉館など多様である（小林, 2015）。

(3) 広域フードバンクの事例：ソウル市

具体例をもとに、広域フードバンクと基礎フードバンク・フードマーケットの運営体制をみてみる[3]。

ソウル市広域フードバンクはソウル市社会福祉協議会が受託運営しており、

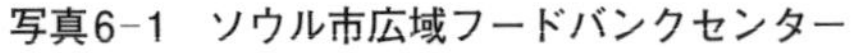
写真6-1　ソウル市広域フードバンクセンター

ソウル市広域フードバンク内に、2009年に設置された物流センターの倉庫。ソウル市内の企業などから物品の寄付を受け付け、市内の基礎フードバンクやフードマーケットなどに配送する物流拠点となっている。
筆者撮影

9名の職員はいずれも同協議会の職員である[4]。職員の人件費と運営費は100%ソウル市の負担である。寄付に関しては、食品・生活用品などの現物寄付を企業から、また企業との個別提携事業については提携先の企業から寄付金を受け取る。2015年は、3,168社の企業から426億ウォン相当の寄付を受け取った。ソウル市だけで全国の寄付額の4分の1以上を占める。

主な事業には、(1) ソウル市広域フードバンクセンター（物流センター）の運営、(2)「希望の馬車」、(3) 計画立案・促進活動、(4) 収益事業がある。

2009年に設置された物流センターは300トン以上の物品を積載・保管する機能を持ち、ソウル市内の基礎フードバンク（25か所）・フードマーケット（32か所）・直営事業所（5か所）に配送する。2015年度はフードバンクが1,515か所の社会福祉施設に、またフードマーケットが34万世帯に食料を配給した。

「希望の馬車」とは広域フードバンクの直営事業で、住民センターなど105か所の拠点機関と連携し、福祉サービスの対象から漏れている貧困世帯を対象に、週2-3回食品などを提供する事業である。

計画立案・促進活動については、基礎フードバンクやフードマーケットと協力してソウル市のフードバンク事業計画を立案・評価するとともに、ソウル市に方策を提案する。このほか寄付促進のための広報や相談受け付け、実務者の力量強化の指導も行っている。

収益事業としては、「フードナヌム（分け合い）カフェ」と「ナヌン（分け合う）事業」を行っている。喫茶店でコーヒーを販売し、その収益金で貧困世帯を支援するものである。

(4) 基礎フードバンク・フードマーケットの事例：ソウル市江南区

写真6-2　江南区フードバンク・フードマーケット美所　フードマーケット1号店

江南障がい人福祉館内に、2009年に開設されたフードマーケットの店舗。同じ建物にフードバンク事務所も入っている。営業時間は10－17時。社会福祉士の資格を有する3名の職員が勤務する。
筆者撮影

江南区フードバンク・フードマーケット美所（以下江南区フードバンクと略称）は、ソウル市江南区にある基礎フードバンクおよびフードマーケットであり、江南障がい人福祉会が受託運営している[5]。2002年10月に江南区基礎フードバンクとして発足した後、2009年2月にフードマーケットを設立して1号（イルウォン/逸院）店を開設、2011年4月には2号（デチ/大崎）店を開設し、2015年1月に基礎フードバンクとフードマーケットを組織統合し現在の名称となった。

10名の職員はいずれも同会に雇用されているが、職員の人件費・運営費のうち15%はソウル市、85%は江南区が負担する。広域フードバンクおよび域内の企業・商店等から寄付品を受け入れている。フードバンク事業は、受け入れた寄付品を登録された各種の福祉施設（地域社会福祉館、生活施設、無料給食所等：44施設が登録されている）に配送し、最終的に施設の利用者（1年間で約4,800世帯）が受け取る。フードマーケット事業は、店舗に利用者が訪れ、欲しい食品や生活用品を選んで無料で持ち帰るサービスで、1か月間に5品目までの物品を持ち帰ることが認められている。対象となる利用者は2店舗計1,500名登録されており、独居老人、障がい者、次上位層（所得が最低生計基準の120%までのボーダーライン層）、基礎生活受給者、緊急救護家庭などが対象である。このほか訪問サービスを月1回行い、フードマーケットに来られない利用者に物品を配達する。

フードマーケットの利用資格は、①緊急支援対象者、②次上位層、③受給脱落者（基礎生活受給者の要件をわずかに満たさないために受給資格を失った者）および基礎生活受給者の順で、優先順位が国によって定められている。新規利用希望者については区役所が申請を受け付け、希望者の収入・資産状況を調査し、利用可否を判断する。利用を希望する順番待ちの者が多いため、1人の利用者がフードマーケットを利用できるのは1年間に限られ、1年経過後にはもう1年間空けてから再度フードマーケットによる審査を経て、利用することができる。区役所が認めた利用者の中で、フードマーケットの担当者はさらに優先順位を定める（高齢の単身世帯や障がい者世帯、祖父母と孫による世帯は優先順位が高い）。

筆者の聴き取り調査の限りでは、ソウル市の基礎フードバンク・フードマーケットはいずれも民間の団体が受託し、国の定めたマニュアルに沿って同一の方式で運営している。フードマーケットの利用資格は国が定め、個別の利用の可否は自治体が申請者の所得・財産を審査して判断し、運営団体はその判断に従わざるを得ない。

(5) 政府系フードバンクの特徴

政府系フードバンクは、政府（保健福祉部）および地方自治体の指導・監督のもとで、民間団体に運営を委託されており、政府の政策実現の手段として位置づけられている面が強い。Kim（2015：157）は韓国のフードバンクを「国家中心モデル」と特徴づけた。Kimによればアメリカのフードバンクは多様で自律性が強いのに対し、韓国のフードバンクは標準化しており、自律性は弱い。自律性の弱さは、具体的には各フードバンクが政府の定めたマニュアルに沿って同一の方式で運営している点に象徴される。

アジア諸国の他のフードバンクと比べると、韓国のフードバンク運営にみる政府の関与の強さは際立っている。

香港では2001年にフードリンク財団がフードバンク活動を始め、2003年ピープルズ・フードバンクも活動を始めたが、政府によるフードバンクへの支援は2009年にようやく始まった。2009年時点ではフードバンク5団体が補助金を受け取ったが、現在、フードバンク団体の中で政府補助金を受け取っているのはピープルズ・フードバンクのみである（小林、佐藤，2016：24；Tong, 2012）。Tang et al.（2014：93）によれば、2007−08年の時点で香港政府がフードバンク5団体に支援し始めたが、フードバンク支援の法制化を目指していない。香港社会福祉協議会はフードバンク間の経験を共有するとともに、政府に対する政策提言を行い、政府や市民、寄付者を含めたプラットフォームの形成を目指している[6]。

台湾では1996年にNPOによってフードバンクの活動が始まった（Hsu, 2015）。フードバンクは民間企業などの寄付による活動が中心で、全国組織「台湾全民食物銀行協会」が政府に対して法整備を求める活動を展開している[7]。また日本では、2000年以降に各地のNPOがフードバンクを設立し、2017年1月末時点では77団体を数える（流通経済研究所，2017）。農林水産省が食品廃棄削減策の一つとしてフードバンク活動に対する支援や実態調査、普及啓発活動支援などを行っている[8]。

このようにアジア諸国のフードバンクをみると、香港、台湾、日本ではいずれも民間主導で事業を行い、政府はあくまでも補助金の支給や、促進のための環境整備、情報提供など側面的な支援にとどまっている。

3　民間フードバンクの歴史と現状

(1) 歴史的展開

写真6-3　聖公会フードバンク

貞洞クッパ（レストラン）店内にて、生活困窮者に配達用の弁当を準備中
筆者撮影

韓国では政府系フードバンクとは別に、小規模ながらほぼ純粋に民間団体の運営によるフードバンクが存在しており、ここでは民間フードバンクと呼ぶ。

民間フードバンクの開始は政府系フードバンクとほぼ同じ1990年代末であ

った。1998年、ソウルYMCA・YWCA、大韓曹渓宗社会福祉財団、大韓聖公会、韓国キリスト教長老会総会本部、機張福祉財団など6つの宗教団体によって「食料分け合い運動協議会」が結成され、政府系フードバンクとは異なる独自の「韓国型フードバンク」の運動が始められた。この協議会を構成する宗教団体は、「愛の食べ物分かち合いキャンペーン」「無料給食支援事業」「冬のキムチの漬け込み」「コメの分け合い」「愛の牛乳の分け合い」「地域のフードバンク構築」「欠食児童・少年少女家長結縁事業」、政策開発、社会福祉制度改善運動など多彩な食料支援活動を展開した（ジョほか，2006）。

第二次世界大戦後、1987年の民主化に至るまでの軍事政権時代、キリスト教会は政府に対する抵抗・要求型の市民運動の受け皿であった。1987年の民主化以降は、キリスト教会の姿勢は住民の実利的なニーズに応えて日常生活の福祉向上を図り、オルタナティブな公共政策を提案し実施する運動に変化した（白波瀬，2008：158）。キリスト教会が1990年代末、通貨危機を契機とした深刻な失業・貧困のなかで、食料支援活動を始めたのには、こうした歴史的な背景があったためと考えられる。

食料支援活動を行った宗教団体の中でも、フードバンクを中心に展開したのが大韓聖公会（以下「聖公会」と略称）であり、民間フードバンクとしては聖公会フードバンクのみが現在も活動を続けている[9]。そのため以下では、聖公会フードバンクに限定して説明する。

聖公会はキリスト教の英国国教会の系譜に属し、19世紀末以降、ソウルを中心に宣教を続けている教派である。キリスト教会の中でも聖公会は「社会運動においては主導的な役割を果たしてきた」（白波瀬，2008：158）。また聖公会は高齢者や障がい者、母子世帯、野宿者などへの支援を続けてきた。

1998年5月、聖公会は大衆的な食料分配運動の必要性を政府の保健福祉部に提案し、保健福祉部からトラックとその維持費、運転手の人件費などの補助を受けて活動を開始した[10]。ソウル市冠岳区にある冠岳支部で、信者が自家用車で食料の配達を開始したのが始まりだという。2000年1月に民間非営利団体として登録し、2001年12月にはソウル南部、ソウル北部、京仁、大田、江原、全州、釜山の7地域本部と24支部に活動が広がった（ジョほか，2006）。

聖公会はフードバンク支援の法制定過程に一度は参加したが、政府の方針に賛同できず離脱した[11]。キリスト教会や財団が、食料の分かち合いという古来からの風習に基づいたフードバンク的な活動をしていたが、政府が硬直的な規則で民間の分かち合いの風習や活動を規制する恐れがあった。またフードバンクが官僚の天下り先になる恐れもあったことから、政府が主導するフードバンクには賛同できなかったという。

(2) 組織体系・運営と事業

聖公会フードバンクは民間非営利団体として登録されているが、宗教団体である聖公会の一機関である[12]。ソウル市にある本部および全国の22支部が事業を行っている。職員数は常勤36名・非常勤25名である。2016年時点で、578か所から寄付の食料を収集し、1日平均11,700名（うち個人3,595名、家庭1,100名、施設266名）に配給している[13]。

原則として聖公会フードバンクは政府からの資金を受け取っておらず、運営費を自ら調達する必要がある。財源のおおよそ2割が個人支援者からの寄付金、4割が企業からの寄付金、2割が収益事業、残り2割が寄付品（貨幣換算）であり、寄付以外に収益事業で財源を確保することが重要な課題となる。

聖公会フードバンクは2004年9月から5年間にわたり「おにぎりコンサート」を計258回開催し、3.4億ウォンの寄付金を集めた。これは、参加者が寄付して昼食（おにぎり）を受け取り、コンサートで生演奏を楽しむという寄付集めイベントである。2012年4月に社会的企業の貞洞クッパ（湯飯）を設立してレストランを開店した。現在2店舗を経営し、その収益をフードバンクの活動費に充てている。

聖公会フードバンクの主な事業は以下の通りである。

(1) 弁当配達：行動が不便で自ら調理できない重度障がい者と一人暮らし高齢者の家庭に弁当を配達する。

(2) おかず配達：重度障がい者、一人暮らし高齢者、孤児、複合世代世帯に週1～2回、おかずや食材、おやつなどを配達する。

(3) 無料給食・団体食：路上生活者、高齢者、劣悪な社会福祉施設やグループホームの居住者を対象として食事を提供する。

(4) バス巡回給食：ソウル市中心部にて路上生活者などに対し、大型バス内で食事を提供する。
(5) 移動式食料提供：島しょ地域・貧民街・山村など遠方の地域に食料を提供する。
(6) フードマーケット：店舗に食料や生活必需品を陳列展示して、利用者に選択させる。
(7) 1対1縁組支援：孤児や在監者の子ども（8～19歳）に対し毎月10万ウォンを、最大12年間（8～19歳）支給する（2016年11月時点で累計260名を支援）。
(8) 冬に食べるキムチ漬けサポート事業：他団体とともに、毎年冬に貧困家庭や福祉施設にキムチを配給する。
(9) その他、高齢者の精神的ケアや、識字教室や子どもの放課後の居場所づくり・学習指導、障がい者への家事援助、高齢者の話し相手など。

上記のように聖公会フードバンクの事業は対象者の属性ごとにきめ細かく細分化され、また食料の配給にとどまらず幅広い支援活動を盛り込んでいる。

他方、聖公会フードバンクは自主事業と並んで、政府系フードバンクの受託を一部始めた。2009年、冠岳支部が自治体からの委託を受けてフードマーケットを運営することとなった[14]。その後、いくつかの支部が基礎フードバンクやフードマーケットの運営を自治体から受託している。そのため現在は、聖公会フードバンク内部でも一部、政府系フードバンクの事業が混在するというやや複雑な状況となっている。

聖公会フードバンクの提供する食材は企業から寄付される食料だけでなく、学校給食や食堂で発生する食料の余剰（配り残し）を集めたり、提携先の農場から野菜や肉など生鮮品を取り寄せて購入したりしており、現物寄付された食料が7割、寄付金で購入した食料が3割を占める。聖公会フードバンクは韓国の食文化を考慮し、手作りの食事を重視しており、政府系と民間のフードバンクを比較したカンほか（2005：230）の研究結果とも整合的である。

他方、利用者については、民間フードバンクは、政府系フードバンクの対象から外れてしまう困窮者に食料を提供するという、補完的な性格を有している

（カンほか，2005）。政府系フードバンクは政府が利用者の収入・財産や扶養家族の有無などで利用資格を決めているが、こうした基準から漏れてしまう貧困層が多数存在している。そのため、「法の死角を見つけ出して支援するのが聖公会の役割である」という。カンほか（2005：227）によれば政府系フードバンクの利用者よりも民間フードバンクの利用者のほうが低収入・低学歴・高齢者であった。民間は政府系が救えなかった最貧困層を支援していることがわかる。

4　研究動向とフードバンクの実践例

(1) フードバンクの運営課題

本節では、韓国内のフードバンク研究動向と、研究者からの問題提起に対応したフードバンク側の実践を整理する。

韓国でフードバンクが始まってからまだ日が浅いこともあり、フードバンクに関する研究の蓄積は少ないが、大きく分けて（1）フードバンク団体の運営に着目した研究と、（2）フード・セキュリティや福祉の観点からの研究がある（このほか、小林（2015）や章（2010）など、食品廃棄物削減の観点からの研究もあるが、本章では扱わない）。

フードバンクの運営に関する研究としては、ファンほか（2006）がフードバンク団体にアンケート調査を行い、その結果、専任職員の配置や冷蔵施設、職員への安全衛生教育に不足が目立つと指摘した。ホンほか（2006）もほぼ同時期に、フードバンク団体の運営実態を調査し、専任職員が少なく業務の専門性・効率性が低いこと、調理済食品の安全性管理が不十分であること、食品の保管・輸送設備が不十分であることなどの問題点を指摘した。それから6年後、キム・ジュ（2012）は福祉サービスの伝達体系という観点から、京畿道地域でフードバンクの運営体制を調査したところ、データベースの活用や事業の持続可能性の問題、サービスの地域的な偏り、戦略の不在、住民参加の不足といった課題を見出した。またKim（2015）は、アメリカと韓国のフードバンクの運営体制（ガバナンス）を比較した。Kimによればアメリカのフードバンクは、リベラルな福祉国家を背景に民間寄付やネットワークで成り立っているが、韓国のフードバンクは開発主義国家を背景に、政府主導で進んできたと指摘し、韓国型フードバンクの特徴を描き出した。

これまで見てきたように、韓国のフードバンクは政府系と民間の二種類に分離しているという事情を反映して、政府系と民間を比較する試みもあった。カンほか（2005）は利用者という観点から両者を比較し、その結果、政府系フードバンクは政府機関やマスメディア、印刷物を通して大々的に広報できるのに対し民間は自前のチラシ・パンフレットでの広報に限られること、政府系フードバンクはインスタント食品、ファースト・フードが比較的多いのに対し民間フードバンクは調理済食品が多いという違いがみられること、民間フードバンク利用者のほうに低所得者が比較的多いこと、などがわかった。前述のホンほか（2006）は運営方法という観点から両者を比較し、民間フードバンクは政府系に比べて基本的に必要な設備が不足しており、運営規模が小さいことを指摘し、民間フードバンクに対して政府は財政支援をすべきこと、政府系と民間のパートナーシップが望ましいことを指摘している。またジョほか（2006）は食品寄付企業という観点から両者を比較したところ、政府系に比べて民間フードバンクは企業から受け取れる寄付量が少なく、また政府の支援もないので財政が厳しいことを明らかにした。

上記の比較調査からは、政府系と民間との間に極端な差は見いだせなかったものの、政府系に比べて民間のほうは政府からの支援や企業からの寄付が少なく、財政が厳しいこと、民間のほうはより低所得の利用者を対象にして調理済の食料を提供する傾向にあること、などが明らかになった。こうした傾向は筆者らの現地調査での知見とも一致している。

(2) フード・セキュリティ、福祉など

フードバンクの運営上の課題以外に、ごくわずかではあるがアメリカにおける研究・議論を参考にしながら、福祉の観点から新たな調査研究が生まれている。

キム・イ（2013）はアメリカやカナダで広がっている、食料権利論や地域フード・セキュリティ論の影響を受けて、地域単位での食料の自給や連帯を主張した。キム・イ（2013）は、全国レベルで食料を大量に集め、貧困層だけに配給するような仕組みでは持続可能ではないと批判した。そうではなく、地域単

位で生産した食料を、貧困層だけでなく地域住民全体に提供すること、その過程に地域住民が参画して食料を通じた連帯を実現することを説いた。

フードバンクが食料支援を行うだけでなく、他の福祉サービスも包括的に利用者に供給すべきだという連携型福祉サービスの議論も近年登場した。リー・キム（2014）は、フードバンク利用者の実態調査を行い、フードバンクの提供する食料が量的に不十分だと指摘したうえで、フードバンクが多様な社会福祉事業と連携することが必要だと主張した。またキム・ジュ（2012）は、政府系フードバンクは“分断的”なサービスのため食料支援が他の福祉サービスと効果的に連携できていないと指摘している。

(3) フードバンクの実践例

フードバンクの運営に関しては、筆者らが現地を視察し聴き取りを行った範囲では、少なくとも問題が顕在化していることはないようだった。政府系フードバンクは、全国組織が管理する寄付物品管理システムFMSを利用し出入庫の登録管理を行い、食料の内容や消費期限を確認したり、食料の衛生管理要領を定めて一定基準を満たした食料だけを受け入れたり、自治体でも食料の安全対策として集合教育や指導監督を年数回定期的に実施したりして（永登浦サランナヌムフードバンクでの聴き取り、2016年8月31日）、管理が行き届いていた。運営の問題が指摘された当時とは状況が変わってきたのかもしれない。民間フードバンクの厳しい財政状況に触れた論文もあったが、筆者らが現地で聴き取りをしたところでは、聖公会フードバンクが政府や企業からの支援を得にくいことから、社会的企業を設立したり、コンサートを開いたりして独自の資金調達に努めていた。

キム・イ（2013）が主張するような地域フード・セキュリティ論に関しては、聖公会フードバンクは余剰食品の寄付を受けるだけでなく、提携する農場から農産物や肉などを調達している。2001～2003年には、京畿道ヨジュ市にて直営農場を運営したこともある。聖公会フードバンク代表のキム・ハンスン神父は、フード・インセキュリティ問題の本質を、貧富の格差拡大、遺伝子組み換え（GMO）に代表されるグローバルな食料安全保障や、大量の「工場的畜産」による環境への悪影響、ファースト・フードによる地方の食文化の破壊の問題として捉え、その対応として大量生産・大量消費に代わる地域レベルの食料生産を構想する。すなわち、直営農場を設立・運営し、農協と提携しながら食料を確保する予定であるという（2016年9月2日聴き取り、およびキム・ハンスン「聖公会フードバンクの18年の経験と展望」（日韓フードバンク・シンポジウム2016年11月27日での発表））。

連携型福祉サービスについては、政府系フードバンクは食料の配給に特化しており、その他の福祉サービスとの関連づけはされていない。政府系フードバンクの事業を受託する地域の団体が、フードバンクの利用者に対して、食料支援以外にも困りごとの相談に乗ったり、他の福祉サービス（就職斡旋、医療介護等）の利用を促すことは原理的に可能である。また、地域社会福祉館のなかには、フードバンクから受け取った食料の提供に加えて保健医療、教育、職業訓練、就職あっせんなど多様なサービスを提供する例もある（竹並, 2009：89）。しかし、筆者が聴き取りをした範囲では、フードバンクの事業は他の事業から別扱いとして切り離され、有機的な連携統合はみられなかった。

これに対し、聖公会フードバンクでは高齢者への精神的ケア、孤児への助成金支給、子どもへの学習指導など、食料支援にとどまらない福祉サービスを提供している。聖公会フードバンクが、短期的な食料支援の先に、教育訓練や住宅、就労、家計などの長期的な支援の道筋を示したり、他の福祉団体と連携して体系的な福祉サービスを用意したりするということは、現時点ではみられないが、今後の発展の可能性としては期待できるかもしれない。

おわりに

韓国は1990年代末の通貨危機を契機に福祉国家としての制度を整えるにいたったものの、「広範な死角地帯」が残り、大量に発生した生活困窮者を充分に救済できなかった。政府によるフードバンクの展開は、国民基礎生活保障制度や社会保険制度の不十分な面を、食料の現物給付をもって事実上補完しようとするものであった。台湾や香港、日本など他のアジア諸国にはみられない政府主導によるフードバンクの発展過程は、そうした背景によるものである。

また韓国は、政府系フードバンクと民間フードバンクの併存といった特徴もみられた。政府系フードバンクにおいては利用の優先順位を自治体が決めているが、自治体の画一的な基準から漏れてしまう困窮者に対して民間フードバンクが食料支援をきめ細かく行うという、両者の補完関係が成り立っている。民間フードバンクは、事業内容で政府系との違いを打ち出して独自の存在意義を示しており、韓国のフードバンク業界全体が進化していく上で重要な役割を担うことが期待される。

韓国ではフードバンクが導入されてから約20年が経過し、制度化が進んだ。それに伴い、「生活困窮者に食料を配り続けても一時的な飢えをしのぐだけで、貧困は根本的には解決しない。フードバンクに多額の公金を投じることに意味があるのか」といった疑問や批判が今後大きくなることも予想される。韓国は、フードバンクの食料支援が包括的な福祉サービスと有機的に連携して、生活困窮者の長期的な自立を促すという方向をまだ明確に見出していないが、生活困窮者福祉におけるフードバンクの役割が問われることになるだろう。

注

1 日韓フードバンク・フォーラム（セカンドハーベスト・ジャパン主催、2013年5月14日開催）（http://2hj.org/activity/report/event/934.html）2016年11月1日閲覧。

2 地域社会福祉館とは、住民の相談、放課後児童プログラム、給食サービス、老人余暇、青少年の社会教育、就職・副業のあっせんなどを提供する総合型福祉施設である。セツルメント運動を起源とし、韓国では1906年の隣保館を嚆矢とする（竹並，2009：85）。

3 筆者は、本書執筆者の佐藤、角崎、上原らとともに、2016年8月30日〜9月3日、韓国・ソウル市にて広域フードバンクおよび基礎フードバンク・フードマーケットを訪問し視察と聴き取り調査を行った。

4 以下の内容はソウル市広域フードバンクのパンフレットおよび同フードバンクセンターでの聴き取りによる（2016年8月31日、ソウル市）。

5 以下の内容は日韓フードバンク・シンポジウム資料「江南区フードバンク・フードマーケットミソ（美所）」2016年11月27日、および江南区フードバンク事務所での聴き取りによる（2016年9月1日、ソウル市）。論文等で使用する旨の許可を得ている。

6 「第9回フードバンク・シンポジウム」（セカンドハーベスト・ジャパン主催、2016年11月1日開催）の香港社会福祉協議会 Wong WoPing 氏の報告（http://2hj.org/activity/report/event/2263.html）2017年5月6日閲覧。

7 「第9回フードバンク・シンポジウム」（セカンドハーベスト・ジャパン主催、2016年11月1日開催）の台湾全民食物銀行協会代表の報告（http://2hj.org/activity/report/event/2263.html）2017年5月6日閲覧。「台湾全民食物銀行協会」（http://www.foodbank-taiwan.org.tw/）2016年11月1日閲覧。

8 農林水産省「フードバンク」（http://www.maff.go.jp/j/shokusan/recycle/syoku_loss/foodbank.html）2017年5月1日閲覧。

9 キム・ハンスン「聖公会フードバンクの18年の経験と展望」（日韓フードバンク・シンポジウム2016年11月27日）。
10 聖公会フードバンク（http://www.sfb.or.kr/）2016年10月25日閲覧。
11 聖公会フードバンクでの聴き取りによる（2016年9月1日・2日、ソウル市）。
12 以下の内容は「聖公会フードバンク」（http://www.sfb.or.kr/）2016年10月25日閲覧、キム・ハンスン「聖公会フードバンクの18年の経験と展望」（日韓フードバンク・シンポジウム2016年11月27日）、日韓フードバンク・フォーラム（セカンドハーベスト・ジャパン主催、2013年5月14日開催）（http://2hj.org/activity/report/event/934.html）2016年11月1日閲覧、および聖公会フードバンク事務所での聴き取りによる（2016年9月2日、ソウル市）。
13 キム・ハンスン「聖公会フードバンクの18年の経験と展望」（日韓フードバンク・シンポジウム、2016年11月27日）。
14 聖公会フードバンク事務所での聴き取りによる（2016年9月2日、ソウル市）。

参考文献

金成垣（2004）「韓国福祉国家性格論争——その限界と新たな出発点」『大原社会問題研究所雑誌』No. 552：35−50。
金成垣（2013）「韓国の国民基礎生活保障制度——現状と問題、そしてその特徴」埋橋孝文編著『福祉＋α④生活保護』ミネルヴァ書房：244−257。
金成垣（2016）「福祉レジーム論からみた東アジア——韓国」『海外社会保障研究』No. 193：6−17。
小林富雄（2015）『食品ロスの経済学』農林統計出版。
小林富雄、佐藤敦信（2016）「インフォーマルケアとしての香港フードバンク活動の分析——活動の多様性と政策的新展開」『流通』No. 38：19−29。
章大寧（2010）「韓国のFood Bank制度——環境・資源的役割に注目して」『南九州大学研究報告　人文社会科学編』40B：21−35。
白波瀬達也（2008）「韓国の公的な野宿者対策における宗教団体の役割——公民協働事業への軌跡」『関西学院大学社会学部紀要』104：153−164。
竹並正宏（2009）「韓国の地域社会福祉実践機関「地域社会福祉館」の研究」『川崎医療福祉学会誌』19（1）：85−92。
鄭美愛（2004）「社会福祉政策の福祉多元主義化に関する研究——韓国と日本の比較分析」『東亜經濟研究』（山口大学）62（4）：575−612。
ホン・ギョンジュン（洪坰駿）（2005）「韓国社会政策の変化と持続—— 1990年以降を中心に」武川正吾、キム・ヨンミョン編『韓国の福祉国家・日本の福祉国家』東信堂：79−178。
ムン・ジンヨン（文振榮）（2005）「国民基礎生活保障制度」武川正吾、キム・ヨンミョン編『韓国の福祉国家・日本の福祉国家』東信堂：159−178。
流通経済研究所（2017）「国内フードバンクの活動実態把握調査及びフードバンク活用推進情報交換会実施報告書（平成28年度農林水産省食品産業リサイクル状況等調査委託事業）」。
Common, Richard (2000) "The East Asia region : Do public-private partnerships make sense?", in : Stephen P. Osborne ed., *Public-Private Partnerships : Theory and practice in international perspective*, Routledge, London & New York, pp.134−148.
Hsu, Yu-Chia (2015) "The Development and Implementation of Food Bank in Taiwan : The Case of The Taichung Food Bank".
Kim, Sunhee (2015) "Exploring the endogenous governance model for alleviating food insecurity : Comparative analysis of food bank systems in Korea and the USA", *International Journal of Social Welfare*, No.24, pp. 145−158.
Tang, Kwong-leung ; Zhu, Yu-hong and Chen, Yan-yan (2014) "Poverty Amid Growth : Post-1997 Hong Kong Food Banks", in : Graham, Riches and Tiina Silvasti eds., *First World Hunger*

Revisited: Food Charity or the Right to Food? Second Edition, Palgrave MacMillan, pp. 87−101.
Tong, Nora（2012）“Food banks in Hong Kong”, *South China Morning Post,* 2012.10.28.
カン・ヒェスン、ホン・ミンアン、ヤン・イルスン、ジョ・ミナ、キム・チュルジェ（2005）「政府主導型及び民間主導型フードバンク（Food Bank）事業の利用者の実態及び利用特性分析」『大韓公衆栄養学会誌』10（2）, pp.224−233.（韓国語）
キム・ソンフィ、ジュ・ギョンヒ（2012）「コミュニティ基盤社会福祉サービスの伝達体系の成功条件に対する探索的研究：京畿地域のフードバンク（Food Bank）事業を中心に」『社会福祉政策』Vol. 39, No.2, pp.1−32.（韓国語）
キム・ホンズ、イ・ヒョンジン（2013）「フードバンク事業と食品の連帯、その可能性と限界」『韓国社会』14(1), pp. 31−71.（韓国語）
ジョ・ミナ、ホン・ミンアン、カン・ヒェスン、ヤン・イルスン（2006）「政府主導型及び民間主導型フードバンク事業の寄付者特性分析」『大韓公衆栄養学会誌』11(5), pp.618−628.（韓国語）
ファン・ユンキュン、パク・キファン、リュ・キュン（2006）「フードバンク調理寄託食品の安全性確保のための衛生管理の実態評価」『大韓公衆栄養学会誌』11(2), pp.240−252.（韓国語）
ホン・ミンアン、ジョ・ミナ、カン・ヒェスン、ヤン・イルスン（2006）「政府主導型及び民間主導型フードバンク（Food Bank）事業の運営形態及び特性分析」『大韓公衆栄養学会誌』11(5), pp.629-641.（韓国語）
リー・ヨンジェ、キム・ヤンオク（2014）「寄付食品提供企業が低所得層の利用者の食品満足に及ぼす影響」『韓国コンテンツ学会論文誌』Vol.14, pp.152−161.（韓国語）

第7章

食料等の現物寄付の評価
――アメリカのフードバンクとアカウンタビリティ

上原　優子

はじめに

本章の目的は、アメリカで最大のフードバンクネットワークを持つフィーディング・アメリカ（Feeding America）の食料等の評価方法を事例に、アメリカの非営利組織の制度状況を踏まえながら、現物寄付の評価とアカウンタビリティについて検討することにある。

日本では、2011年に発生した東日本大震災以降、ボランティア活動に参加することや、震災支援を含めた社会的意義の高い活動に寄付することへの関心が非常に高いものとなっている。高等学校や大学でボランティア活動の指導や単位認定の制度が取り入れられることも増え、各分野の専門家が職業上持つスキルや知識・経験を活かして実施するプロボノも、増加傾向にある。

このような動向と並行して、近年、特定非営利活動法人（以下、NPO法人）などの非営利組織や社会的企業の活動を支える資金の調達手法は多様化してきている。例えばブランド品や古書などを非営利法人が寄付として受け取り、仲介業者を通じてこれを換金することも増えている。また、インターネットの発達により、不特定多数の人々から寄付を集めるクラウドファンディング（Crowd-funding）などの資金調達手法も身近なものとなった。このような新たな寄付の手法が相次いで出現する一方で、新しい寄付手法に対する会計処理等の扱いについては明確な定めがない場合も多く、実際の実務は混乱しているのが現状である。

例えば、ブランド品や古書等の現物寄付を受けた場合、寄付者が物品を寄付した上でNPO法人等が換金したと考えるのか、寄付者が換金をした上で金銭を寄付していると捉えるべきなのか、換金行為は販売行為となるのか等々、外形だけでは判断が難しいケースも多い。NPO法人等が継続的かつ健全に発展する上で、新しい手法によって得られた寄付をどのように会計上処理し、適切な財務諸表を作成すべきかを検討することは、喫緊の課題の1つである。この課題の中心的なテーマの1つが現物寄付における評価である。

本章では、フィーディング・アメリカの食料等の具体的な評価方法を事例として取り上げ、現物寄付の評価とアカウンタビリティについて検討する。寄付は反対給付のない非交換取引であり、市場価格よりも廉価で財・サービスの提供を受ける場合も、市場価格と取引金額の差額は寄付とみなすことができる。また資産が寄付された場合の評価は、受入資産の公正価値（Fair value）で行うのが原則である。

しかし、フードバンクが食料等を受け取る場合には、多種多様な食品が一時に搬入される場合も多く、その価値を1つ1つ貨幣換算して記録することは、実務上の煩雑さを考えても不可能である。また、賞味期限間近なものが主として寄付されているという状況も、評価を行う上で検討すべき課題である。さまざまな検討すべき条件を抱えるフードバンクにおける食料等の現物寄付の評価を、どのように行うべきであるのかということが本稿の問題意識である。

日本では2000年以降になってフードバンクが設立され始めたばかりであり、その歴史は浅く、規模も小さい。一方、アメリカにおけるフードバンクには、すでに約50年もの歴史がある。アメリカのフードバンクはまた、組織規模も大きくシステムも成熟している。そして、早くから財務会計基準審議会（Financial Accounting Standards Board：FASB）によって、寄付等を含めた非営利組織に関連する会計基準も整備されている。このため、アメリカの現物寄付の評価事例は、日本のフードバンクにおける会計のあり方を検討するにあたり、さまざまな示唆を与えるものと考える。

本稿の第1節ではまず、日本における現物寄付の評価の状況、フードバンクにおける財務諸表の状況や制度等について説明する。第2節ではアメリカにおけるNPO制度やフードバンクの状況について述べ、第3節では具体的に、フィーディング・アメリカにおける食料等の評価手法を紹介する。最後に、日本のフードバンクが寄付者等への説明責任を果たし、信頼を得ながら組織整備する上で、今後どのような現物寄付の評価をすべきであるか、その展望について検討したい。

1　日本のフードバンクの現状と現物寄付の評価

1941年のアメリカ会計士協会（American Institute of Accounts：AIA）の定義によれば、会計とは、「少なくとも部分的には財務的性格を有する取引および事象を、意味のある方法で貨幣額により記録、分類、集計し、かつ、その結果を解釈する技術」である。貨幣を媒介とした取引であれば、貨幣額で記録することは容易である。しかしながら、フードバンクで主に扱う食料等の現物寄付は、貨幣を媒介としたものではないため、その価値を貨幣額として表すことは容易ではない。

日本のNPO法人で採用されているNPO法人会計基準では、現物寄付の取り扱いについて、「受贈等によって取得した資産の取得価額は、取得時における公正な評価額とする」としている。この「公正な評価額」、すなわち公正価値をどのように求めるかが論点となる。

現物寄付を財務諸表に計上しない場合の最大の問題点は、活動の実態が財務諸表上に現れないということであろう。より具体的に言えば、現物寄付で受けた物品を販売した場合には、入手した物品が計上されない一方で、販売収入だけが財務諸表上に計上される。不動産や車両などの有形固定資産の寄付を受けた場合に何も計上しなければ、所有する資産が貸借対照表に表れない。

また、NPO法人が、さまざまな税制優遇制度を得られる認定NPO法人となることを目指す場合には、パブリック・サポート・テストを受けることが必要である。パブリック・サポート・テストとは、広く市民からの支援を受けているかどうかを判断するための基準であるが、その判定に際しては表7-1にある、「相対値基準」、「絶対値基準」、「条例個別指定」のうち、いずれかの基準を選択することになる。この判定基準の中にある寄付金には、当然現物寄付を入れることができるわけだが、現物寄付が計上されなければ、パブリック・サポート・テストの際に現物寄付を算入することはできない。

表7−1　パブリック・サポート・テスト（PST）の各基準

相対値基準	実績判定期間における経常収入金額のうちに寄付金等収入金額の占める割合が5分の1以上であることを求める基準
絶対値基準	実績判定期間内の各事業年度中の寄付金の額の総額が3,000円以上である寄付者の数が、年平均100人以上であることを求める基準
条例個別指定	認定NPO法人としての認定申請書の提出前日までに、事務所のある都道府県又は市区町村の条例により、個人住民税の寄付金税額控除の対象となる法人として個別に指定を受けていることを求める基準。ただし、認定申請書の提出前日までに条例の効力が生じている必要がある。

出所：「内閣府NPOホームページ：認定制度について」を参考に作成

公益財団法人流通経済研究所平成（2017）によれば、平成25年度の調査段階では40団体であった日本のフードバンクは、平成29年1月末時点では77団体と倍増しており、44都道府県で少なくとも1団体以上が活動している状況にある。フードバンクが今後、健全かつ安定的な活動を継続する上で、アカウンタビリティの向上を含めた制度整備が一層望まれていることは言うまでもない。

一方、平成29年1月末時点で法人格を持つフードバンクは56団体であり、法人格を持つ団体のほとんどはNPO法人である。任意団体も3割程度あるため、公開されている財務諸表を必ずしも見ることができるわけではないが、筆者の知る限り、日本最大のフードバンクであるセカンドハーベスト・ジャパンが、2016年（会計年度末2015年12月31日）に初めて食料の寄付に対する評価額を活動計算書に計上したのを除き、現物寄付を計上している事例は見られない。

徐々に規模を拡大しつつある日本のフードバンクが、寄付者等への説明責任を果たし、信頼を得ながら組織整備をする上で、どのような現物寄付の評価をすることが適切であるのか、次節以降のアメリカのNPOの制度およびフードバンクにおける現物寄付の評価の事例から検討したい。

2　アメリカのNPOの制度とフードバンク

(1) アメリカのNPO制度と501条(c)項(3)号団体

アメリカはNPO先進国として知られている。NPOの法人格は本部が所在する州の法律で規定され、連邦法による規定はない。州によって非営利法人の法制や運用は異なるため、アメリカの「非営利法人」という枠組みを明確にすることは実は難しい。またアメリカでは法人格を持たなくとも、任意で非営利活動を行う団体は数多く存在する。

連邦法である内国歳入法（Internal Revenue Code：IRC）によって公益性が認められ、寄付金控除が認められる内国歳入法501条(c)項3号の規定に基づく法人（以下、501条(c)項(3)号団体）には、宗教、教育、医療、福祉、文化、環境、国際問題などの分野で活動する慈善団体が該当する。501条(c)項(3)号団体の中でも財政面などで一定の要件を備え、一般から広く支持されていると認められる団体をパブリック・チャリティ（Public Charity)、それ以外をプライベート・ファウンデーション（Private Foundations：私立財団）と分類しているが、約90％の組織はパブリック・チャリティである。

アメリカにおける寄付額の大半は個人によるものであり、個人寄付は寄付額全体の約75％程度にも上ると言われる。個人が501条（c）項（3）号団体に寄付した場合、表7-2にあるように所得の50％の限度額まで控除が認められるため、個人が当該団体に寄付を積極的に行うインセンティブとなる。個人からの安定的な寄付を得てその活動を円滑に行うことを目的として、パブリック・チャリティとなる要件を満たすようにNPOは運営をすることになる。

パブリック・チャリティになるための認定要件はいくつかあり、その詳細な認定要件や計算方法については割愛するが、原則として、収入の1/3以上が一般寄付や政府・公的補助で構成される団体となることが必要である。従って、この認定要件を満たすことができるような寄付構成を保持することがNPOにとって重要となる。

表7－2　米国における501条(c)項(3)号団体と寄付金税制

<table>
<tr><td rowspan="3">寄付金対象の団体区分
寄付をした者の税制上の取り扱い</td><td colspan="3">501条(c)項(3)号団体
• 宗教、慈善、科学、文学、教育、国内外のアマチュア・スポーツ振興、児童・動物虐待防止を目的とする。
• 利益を出資者や個人に分配しない。
• 残余財産を社員、出資者に分配しない。
• 過度なロビー活動や、政治活動に関与しない。</td></tr>
<tr><td rowspan="2">パブリック・チャリティ
団体数：301,214団体以上（他に内国歳入庁に申告書を提出していない教会等の団体が存在する）</td><td colspan="2">プライベート・ファウンデーション（私立財団）</td></tr>
<tr><td>事業型私立財団
団体数：7,486団体</td><td>助成型私立財団
団体数：74,364団体</td></tr>
<tr><td>所得税</td><td colspan="2">所得の50%を限度に所得から控除（株式等の場合：所得の30%）</td><td>所得の30%を限度に所得から控除（株式等の場合所得の20%）</td></tr>
<tr><td>法人税</td><td colspan="3">所得の10%を限度に損金算入</td></tr>
<tr><td>遺産税</td><td colspan="3">非課税</td></tr>
</table>

出所：「内閣府NPOホームページ：米国における501(C)(3)団体に係る寄付金税制の概要」を参考に作成

(2) アメリカのフードバンクの概要とフィーディング・アメリカ

フードバンク発祥の地はアメリカであり、1967年にアリゾナ州で初めてフードバンク活動が開始された。当初は、まだ食べられる状態であるにもかかわらず廃棄される食品、いわゆる食品ロスの削減を目的として活動が開始された。しかし現在のフードバンクの活動は、飢餓撲滅のためという色合いが濃くなっている。その背景には約4,814万人、実に7人に1人という高い割合のアメリカ国民が、深刻な食料問題に直面しているという現状がある[1]。

三菱総合研究所（2014）によれば、アメリカ農務省（U.S. Department of Agriculture：USDA）は毎年飢餓対策と健康的な食事の推進のために予算を確保している。フードバンクを含む食料援助プログラムに対する2014年度の予算は75.61億ドル（約7,900億円）であり、その内フードバンクに対する予算は5,100万ドル（約53億円）である。また農務省は一部のフードバンクに対して補助金等の資金援助を実施し、農家・食品製造業者から余剰農畜産物を買い取ってフードバンクへ提供している。アメリカ国民の健康を維持する上で政府による食料支援は欠かせないものであり、フードバンク等の民間組織との連携も重要な位置付けとなっている。

図7-1　フィーディング・アメリカの食料支援

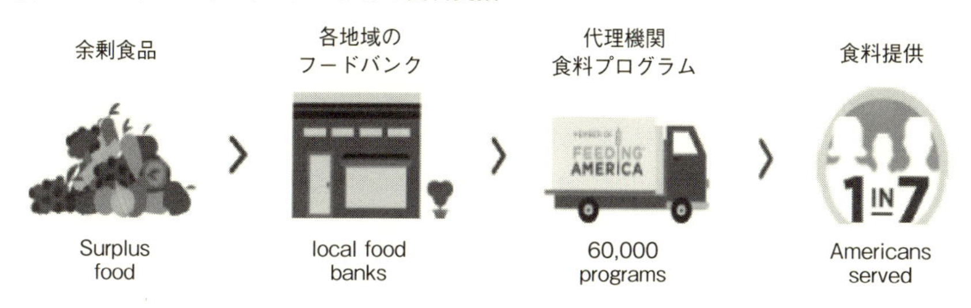

出所：「Feeding America - How We Work」を参考に作成

フードバンクは食料を保存することが可能な場所や冷蔵庫等の設備があれば、小規模から開始できる社会的意義の高い活動であり、そのような意味では必ずしも法人形態を採用する必要もない。しかしながら、7人に1人が食料問題に直面し、政府もその支援を実施している状況にあるアメリカのフードバンクの規模は、日本のそれよりもかなり大きく、501条(c)項(3)号団体であることが一般的である。

フードバンクは政府や企業・個人、フードバンクネットワーク等から寄付金や食料を受け取り、地域の教会やNGO等の施設・団体へ供給する。また、寄付として受け取った食料だけでは、食料を受け取る受益者の栄養バランスが確保できないことも多いため、野菜や肉、乳製品など寄付が少ない品目を独自で購入して提供する場合もある。各フードバンクから食料を受け取った施設や団体は、通常食品の重さに応じた費用をフードバンクへ支払い、それぞれの地域で食料を必要とする人々に提供する。資金力のない組織がフードバンクから寄付金を受け、活動資金に充てている場合もある。

さて、1967年にフードバンク活動が開始されて以降、フードバンクは徐々にアメリカ国内に広がり、フードバンクを統括する組織として1979年に設立されたのが、セカンド・ハーベスト（Second Harvest）である。このセカンド・ハーベストが、アメリカ最大のフードバンクネットワークを持つ、現在のフィーディング・アメリカである（2008年に現在の名称へと変更）。フィーディング・アメリカはパブリック・チャリティであり、全米で約200の会員フードバンク（Network Member）とのネットワークを構築、さまざまな形で飢餓問題に取り組む約60,000の代理機関（Food pantries）や食料プログラム（Meal programs）を通じ、年間約37億食を必要とする人々に届けている（図7-1参照）。

フィーディング・アメリカの活動の中心は、寄付として集めた食料等を、会員フードバンクを通じて必要とする人々に供給することにある。フィーディング・アメリカおよびその傘下にある会員フードバンクの最も重要な財源は寄付された食品である。

図7-2はフィーディング・アメリカの活動計算書（Statements of Activities）の総収入（Public Support and Revenue）の部分を抜き出して表示したものである。食品・サービスの寄付（Donated goods and services）は総収入の約9割を占めており、食料等の寄付の金額を表記することなしに、財務諸表によって活動規模を把握することは不可能である。加えて、パブリック・チャリティの適格団体であることを示す上でも、寄付された食料等を何らかの形で貨幣金額として示す必要がある。

また、アメリカではNPOの存在が広く社会に浸透しており、フードバンクに対する公認会計士による外部監査も一般的なものとなっている。例えば、本章で詳細に扱うフィーディング・アメリカの財務諸表監査を実施しているのは、4大監査法人の1つ、KPMGである。KPMGのようなビッグファームが監査する場合、監査法人内には当該業界に対する知見が蓄えられており、他のフードバンクを監査する場合にも同質の監査水準を保持することが可能である。

ちなみに、日本のNPO法人において、公認会計士による監査を導入しているケースはまだまだ少ない。フードバンクの場合、筆者の知る限り、監査を実施しているフードバンクはほとんど皆無である。監査が行われている場合であっても、個人の公認会計士に依頼している現状にある。

このような状況から考えれば、フードバンクという特殊な環境を監査するにあたっての専門的な知見が、日本ではまだ蓄積されるに至ってはいないと考えられ、同一の公認会計士が他のフードバンクも同様に監査しない限り、現物寄付の評価の判断結果が公認会計士によって異なる可能性もある。

監査の導入が低迷しているのは、日本の非営セクター、そしてフードバンク自体の歴史が浅く、組織も小規模であることが主な要因であり、制度を確かな

図7−2　フィーディング・アメリカの活動計算書

フィーディング・アメリカの活動計算書（Public Suppport and Revemir のみ）
2015年6月30日現在（単位：$1,000）

	非拘束	一時拘束	永久拘束	合　計
公的支援に関わる収益				
個人寄付	$37,203	$1,890	–	$39,093
法人寄付	17,7171	19,446	–	37,357
助成金	17,911	4,978	–	6,695
宣伝活動収入	17,197	9,807	–	27,004
資金調達合計	74,028	36,121	–	110,149
食品・サービスの寄付	2,065,718	–	–	2,065,718
公的支援に関わる収益合計	2,139,746	36,121	–	2,175,867
収益				
会費収入	4,374	–	–	4,374
会議参加・後援等収入	1,153	–	–	1,153
その他の収益	1,391	–	–	1,391
食料調達支援収入（会員による支払い）	59,971	–	–	59,976
投資収入	11	–	–	11
拘束が解除された純資産	22,198	(22,198)	–	–
総収入	2,2228,849	13,923	–	2,242,772
…	…	…	…	…

出所：「Feeding America（2015b）」を参考に作成

ものとしてゆくにはのりしろの部分が大きいことを示している。本章は現物寄付の評価という会計的観点を主に論じているが、日本の非営利セクター、そしてフードバンクが組織としてより信頼性を高めるために、監査を効果的に取り入れ、団体運営の透明性を高めることは、将来的に検討すべき重大な課題の1つであろう。

3　フィーディング・アメリカにおける食料等の評価

現物寄付として受け取った食料等の適正な評価には、現実にはさまざまな問題が伴う。フィーディング・アメリカも他のフードバンクも、回収・保管・分配する食品の量を通常「重さ」で把握している。食品の寄付形態もさまざまで、混合の物品も寄付される。食料等は小規模な配送車から、長距離トレーラーで運ばれるケースもある。食品の出し入れにフォークリフトやパレットジャッキが欠かせないような膨大な量を、1つ1つ価格と共に記録することは難しい。

また、もともとフードバンクの構想は「食べられる状態であるにもかかわらず廃棄される食品の活用」を目指したものである。フィーディング・アメリカでは食品衛生や健康問題の専門家と試験を繰り返し、賞味期限後どの程度まで食品が安全かを検討してガイドラインを定めており、傘下のフードバンクは賞味期限が過ぎた食品もガイドラインに沿って配布する。このような状況で現物寄付をどのように評価をするかについては工夫が必要である。

筆者は、2016年3月にアメリカのシカゴにあるフィーディング・アメリカを訪れる機会を得た。以下では、現地でフィーディング・アメリカ側から説明された内容と、資料として受け取った、「独立会計士による合意された手続の実施報告書（Independent Accountants' Report on Applying Agreed-Upon Procedures)」に記載された、フィーディング・アメリカが全国レベルの食料等の寄付における卸値の価値を決定するために用いた「商品評価の調査手法（Product Valuation Survey Methodology)」の内容を基として、現物寄付の評価の概要とプロセスを説明する。

まず、フィーディング・アメリカでは、受け取った食料等（食料だけでなく日用品その他も含まれる）の現物寄付を評価するために統計的手法を取り入れ、信頼度95%をもって全国レベルの「商品寄付（Product donations）における卸値の価値（Wholesale value)」を決定している。決定された商品1ポンド（lb）あたりの平均卸値は、各地域の会員フードバンクや代理機関・食料プログラム等が受け取った寄付の価値を計測するのに活用される。

このフィーディング・アメリカの評価方法には、全般的に保守主義の立場が色濃く表れている。保守主義が強調される理由については特に言及されていないが、そもそも賞味期限間近、あるいは賞味期限が切れた食品も扱う状況を考えれば、保守的な数値による算定は妥当であると言える。

(1) カタログデータによる商品1ポンドあたりの価格の算定

フィーディング・アメリカは、寄付された食料等の評価にあたり、商品カタログ（Spartan Nash Electronic Reference Catalogs[2]。以下、SNカタログ）を参照して価格調査を行う。SNカタログからは各商品1箱あたりの値段と数、個々の個別包装あたりの正味重量の情報が得られる。SNカタログ上の商品は、フィーディング・アメリカが受け取った食料等のデータベースと常に正確に整合するわけではない。整合しない場合は最も類似した代替商品等を参照する。代替商品等により価格を測定する場合、通常同等あるいはそれより評価の低い商標の商品を使用して保守的な計測を行う。

寄付された食料等は30の商品区分（Category）に振り分けられる。2014年に実際フィーディング・アメリカが受領した食料は1,705,567,780ポンド、3,145,664ものデータになる。30の商品区分の内、商品区分30「調理された痛みやすい食品（Prepared Perishable。全体の約1.6%）」は、この価格調査から省かれる（表7-5参照）。

次にサンプルの抽出が行われるが、その際に種々雑多なものや混合物（Assorted、Mix and Salvage items）など価格の特定が不可能な商品は抽出する対象から除外される。また保守的な評価を行うため、商品が大中小の箱で構成されるような場合には、中～大の商品価格が利用される（通常、箱が大きいものの方が重さあたりの価格が低くなると考えられるため）。

表7-3　総重量とSNカタログの情報

	データベースの情報	SNカタログの情報			
商品 Item	総重量 （単位：ポンド） Total gross pounds	1箱あたりの価格 （単位：$） Price per case（$）	1箱あたりの 商品数量 No.of items per case	1商品あたりの 正味重量 Net weight of each item	
A	600,000	48.00	24	12	オンス
B	350,000	25.00	10	*15.4	液量オンス
C	50,000	18.00	16	6	オンス

*商品Bは液体の商品。正味重量の単位は液量オンス（fluid ounce）
1液量オンス=1.0375オンス（net ounces）で計算
出所：Feeding America（2014）を参考に作成

表7-3は説明のために、商品区分の1つに3つの商品（A～C）が存在し、SNカタログからそれぞれ該当する商品の1箱あたりの価格、商品数量および各商品の正味重量のデータを取り出したと仮定したものである。例えば商品Aの場合、箱1つの価格は$48、箱の中には24個の商品が入っており、1商品あたりの正味重量（Net weight）は12オンス（Ounce）である。

表7-4　SNカタログのデータによる1ポンドあたりの価格

商品 Item	1商品あたりの正味重量 Net weight per item (lb)	1箱あたりの数量 The number of items per case	1箱あたり正味重量 Net weight of case	1ポンドあたりの価格 Price per net pound
A	0.75	24	18	2.67
B	1.00	10	10	2.50
C	0.375	16	6	3.00
商品Aの場合	12オンス÷16=0.75ポンド		24個×0.75ポンド=18ポンド	$48÷18=$2.67

出所：Feeding America（2014）を参考に作成

SNカタログ上の正味重量の単位は通常オンスで表示されている。表7-3の商品Bは液状の商品であり、SNカタログ上液量オンスで示されている場合を仮定している。この場合、商品は容積で測定されている。これは例えばジュース等の飲料、調味料やスープなどであり、1液量オンス＝1.0375オンス（本来この関係式は水に対してのみ正確なものである。しかし容積で測定するような商品の大半は水を基としたものであるため（Water-based）、この概算の正確性は高い。）として計算する。従って、商品Bの正味重量は概算で1.0375×15.4＝16オンスということになる。また、最終的な価格評価はポンドを単位として行うため、SNカタログの1商品あたりの重量も1ポンド＝16オンスで再計算する。

単位をポンドへと修正した1商品あたりの正味重量に1箱あたりの数量を掛け、1箱あたりの正味重量を算出する。最後に1箱あたりの価格をこの1箱あたりの正味重量で割り、1ポンドあたりの価格を得る。

例えば商品Aの場合、商品あたりの正味重量は12オンスであるため、ポンドに換算すると12オンス÷16＝0.75ポンドである（表7-4）。1箱あたりの数量は24であるため、A商品1箱あたりの正味重量は24個×0.75ポンド＝18ポンドである。また1箱あたりの価格は$48であり（表7-3）、1ポンドあたりの価格は$48÷18＝$2.67となる。

(2) 包装割引率の算定と総正味重量

フィーディング・アメリカのデータベース上の数値は箱や包装の重量を含めた総重量であるが、SNカタログのデータは包装を除外した商品の中身である。このため、各商品のデータ上の総重量と推定される正味重量、すなわち包装部分を除いた中身の重量との関連性を考慮して算定する必要がある。この算定のためにフィーディング・アメリカでは、包装に係る重量を調査するパッケージ調査（Package Study）を3年ごとに実施している。

2013年のパッケージ調査では、食料品店（Grocery store）にある831の商品（総計161,385,757ポンド）がサンプリングされ、1商品あたりの正味重量と包装部分を含めた総重量が究明された。商品の正味重量は包装ラベルから読み取り、これを実際の商品の総重量で割って推定される包装割引率（Package reduction）、すなわち包装以外の商品部分の割合を計算する。

表7-5　包装割引率と総正味重量の計算

商品 Item	1商品の総重量 Gross wt. of item (lb)	1商品の正味重量 Net wt. of Item (lb)	包装割引率 Package reduction	総正味重量 Total net wt. of product (lb)
A	0.825	0.75	0.90909	545,454
B	1.115	1.00	0.89686	313,901
C	Not sampled	Not sampled	*	**
商品Aの場合			0.75 ÷ 0.825=0.90909	600,000 × 0.90909=545,454
商品Cの場合	* (545,454 × 0.90909+313,901 × 0.89686) ÷ (545,454+313,901) = 0.90462			** 0.90462 × 50,000 = 45,231

出所：Feeding America（2014）を参考に作成

また、包装の素材によって包装部分の割合は異なるはずである。この包装部分の重量割合の相違に着目し、フィーディング・アメリカは包装を、無菌包装（Aseptic）、バッグ、缶、ガラス、プラスティック、小袋（Pouch）、箱の7つに分類した。さらに正確性を期するため、この7つの分類をそれぞれ3階層に分け、各階層の包装割引率を算定する。包装割引率の算定も、保守的な見積りをするという観点から大中小のサイズがある商品の場合は小サイズの商品を計量するなどの配慮がされる（通常、小サイズの商品は総重量に対する包装部分の割合が高いと考えられ、総重量から正味重量へと引き直す際に最大限の包装割合率で正味重量が算出されることになるため）。

表7-5は、A~Cの3つの商品がすべて同じ包装分類・階層のものであり、各商品の一番小さなサイズで重量を測定した後の情報を表していると仮定している。また、商品Cはパッケージ調査のサンプリングに入らなかった商品である。Cの場合、想定される総正味重量をすぐには計算できない。サンプリング

された同じ包装分類・階層から得られたデータの加重平均によって包装割引率を算定し、総正味重量を決定する。

表7−5の商品Aの場合、包装を除いた1商品あたりの正味重量は0.75、総重量は0.825であるため、包装割引率は0.75 ÷ 0.825 = 0.90909である。図7−1にあるように商品Aの総重量は600,000ポンドであるため、商品の中身の重量である総正味重量は600,000 × 0.90909 = 545,454ポンドとなる。

商品Cの推定包装割引率（*）は、商品Aと商品Bの数値を利用して計算する。すなわち（545,454 × 0.90909+313,909 × 0.89686）÷（545,454+313,901）= 0.90462である。従って、Cの総正味重量（**）は0.90462 × 50,000 = 45,231ポンドである。

(3) 商品区分ごとの1ポンドあたりの最終価格と評価額

包装に係る重量が除外された総正味重量（表7−5）に、SNカタログによって決定された1ポンドあたりの価格（表7−4）を乗じ、算出されるのが総価格（Total value）である。これを最初に計測した総重量で除することにより、1ポンドあたりの商品ごとの最終価格が算出される（表7−6）。

表7−6　1ポンドあたりの最終価格の算出

商品 Item	総正味重量 Total net wt. of product (lb)	1ポンドあたりの価格（$） Price per net pound	総価格（$） Total value	1ポンドあたりの最終価格（$） Price per gross pound
A	545,454	2.67	1,456,362	2.43
B	313,901	2.50	784,753	2.24
C	45,231	3.00	135,693	2.71
商品Aの場合			2.67 × 545,454=1,456,362	1,456,362600,000=2.43
商品Bの場合			2.50 × 313,901= 784,753	784,753 ÷ 350,000=2.24
商品Cの場合			3.00 × 45,231= 135,693	135,693 ÷ 50,000=2.71

出所：Feeding America（2014）を参考に作成

ここまでのプロセスでは、各商品区分を3つの階層に分け、商品ごとの1ポンドあたりの価格を算定してきたが、ここからはそれらの数値を使用し、階層ごとの1ポンドあたりの価格を加重平均により計算、さらに商品区分ごとの1ポンドあたりの価格を決定する。

仮に表7−6にあるA~Cが1つの商品区分の3つの階層と、それぞれの階層における1ポンドあたりの最終価格を示しているとするならば、この商品区分における1ポンドあたりの価格は（1,436,362+784,753+135,693）÷（600,000 + 350,000 + 50,000）= 2.38と計算される。

表7-7　フィーディング・アメリカの食品等の寄付と評価額（2014年）

番号	商品区分（Category）	各商品区分における1ポンドあたりの価格（平均卸値）（Price/gr lb）	総重量 Gross Wt.（lbs）	評価額（Value）
1	Non-Food	6.98	12,741,399	88,893,386
2	Baby	7.42	5,320,790	39,467,131
3	Beverage	0.60	80,062,931	47,754,271
4	Bread Products	2.24	227,315,213	509,373,907
5	Cereal	3.02	21,512,331	65,040,116
6	Meal	1.89	31,553,780	59,577,012
7	Dairy	1.70	102,487,219	174,014,676
8	Dessert	2.00	6,310,955	12,628,403
9	Dressing	1.85	2,940,701	5,435,962
10	Fruit	0.93	2,721,452	2,539,894
11	Grain	0.75	2,672,914	2,006,819
12	Health/Beauty	30.74	4,699,936	144,457,084
13	Cleaning	1.38	4,985,385	6,871,975
14	Juice	0.78	20,232,759	15,820,610
15	Meat	2.63	158,597,098	416,988,009
16	Mix	1.70	416,094,141	705,489,528
17	Non-Dairy	1.10	2,274,936	2,495,794
18	Nutrition	5.98	16,873,482	100,937,762
19	Paper-Household	1.71	2,172,049	3,707,547
20	Paper-Personal	5.16	1,337,964	6,900,027
21	Pasta	2.77	4,129,621	11,428,711
22	Pet Care	0.64	1,595,063	1,021,852
23	Protein	1.49	9,709,367	14,431,593
24	Rice	2.10	1,298,582	2,721,229
25	Snack	2.89	39,954,918	115,584,147
26	Condiments	1.32	19,665,428	25,924,288
27	Vegetable	1.00	11,483,316	11,491,708
28	Produce	0.54	467,272,888	252,200,569
29	Dough	1.50	610,951	916,748
	Total	1.70	1,678,627,569	2,846,120,758
包装割引率標準誤差	(Pkg Reduction Standard Error)			0.0026
価格標準誤差	(Pricing Standard Error)			0.0037
総標準誤差	(Overall Standard Error)			0.63%

出所：Feeding America（2014）を参考に作成

表7−7は2014年の実際のフィーディング・アメリカにおける食料等の寄付に関する数値であり、商品区分ごとの1ポンドあたりの価格と総重量、そして評価額を示している。食料等の寄付全体（商品区分1~29）の1ポンドあたりの価格（平均卸値）は1.70であり、$2,846,120,758の食料等の寄付があったと評価された。

おわりに

農林水産省が2009年に実施した認知度調査では、フードバンクの活動について「知らなかった（74.8%）」「聞いたことはあったが、活動内容は知らなかった（19.0%）」との回答結果が得られており、日本におけるフードバンクに対する認知度の低さがうかがえる。調査が実施された2009年以降、フードバンクの活動は一層活発化してはいるが、それでも「フードバンク」という言葉自体を知らない人も多いのが実情だ。アメリカと比較すれば規模も小さく、法人格を持たない組織やボランティアのみで活動するフードバンクも数多く見られる。

一方で、アメリカと同様に、日本のフードバンクもその収入の大半は食料等の寄付である。従って、収入の主要な要素となる食料等の寄付を適正に評価し財務諸表に計上することは、活動規模を示す上では有用であると考えられる。ただし、組織的体力を考慮すれば、本稿で扱ったフィーディング・アメリカと同程度の精度をもって、日本のフードバンクが寄付された食品の評価方法を検討し、財務諸表上にその評価額を反映することは、一足飛びには困難であろう。

また、フィーディング・アメリカの事例では、パブリック・チャリティの適格団体であることを示すために、食料等の寄付を貨幣金額として示す必要があったが、日本の場合はそのようなインセンティブがはたらく状況にもない。これは日本のパブリック・サポート・テストの基準がアメリカと異なるため、現物寄付の金額を入れなくても、基準を満たすことができるからである。実際に、いくつかの認定NPO法人となっているフードバンクに問い合わせたところ、認定申請時の寄付額や寄付者数は、現金寄付の実績のみで申請したとの回答を得ている。理想と現実のギャップをどのように埋めるかは、日本のフードバンクが発展する上で直面する大きな問題の1つであり、段階的なステップや、どの程度の評価を適切なものとするかを判断することも必要である。

前述した、日本最大のフードバンクであるセカンドハーベスト・ジャパンが、初めて食料の寄付に対する評価額を活動計算書に計上したケースでは、食料等の現物寄付の評価には、総務省統計局の数値が便宜的に使用された。総務省統計局が用意した主要品目の都市別小売価格、平成27年12月東京都区部を使用し、寄贈品を①主食、②副菜、③菓子、④調味料、⑤野菜・果物、⑥飲料、⑦水、に分類して、それぞれ代表品目を選択した上でキログラムあたり小売価格を算定、その60%を評価額としたのである。

このような一般に公開された数値を活用することは、評価額算定にかかるコストの問題を大幅に緩和することへとつながる。また、継続的に数値を使用することにより、団体規模の推移を財務諸表により把握することができるようにもなる。さらに同様の評価方法がフードバンク業界の中に定着すれば、団体間の比較も一定程度可能となる可能性がある。そう考えると、財務諸表上に現物寄付を表記した事例が出現したこと自体が、日本のフードバンクにとって大きな前進であったと言える。

しかしこの場合、フィーディング・アメリカのように実際に受け取った食品を検証して評価したわけではないという点には留意すべきである。フィーディング・アメリカは実際に受領した寄付を、できる限り客観的な金額で評価することを試み、最終的な評価額へと結んでいる。つまり、フィーディング・アメリカとその傘下のフードバンク等の組織以外がこの数値を適用することはできない。

総務省統計局の数値のように一般公開された値を活用する場合は、受領した物品そのものの公正価値と言えるのか否かを検証するプロセスがない。評価の適正性の判断、現実に受領したものとの間の差異の見積もりとその解消など、将来的に検討する余地のある論点が多々あるということは念頭に置くべきである。また、この場合、客観性の観点からパブリック・サポート・テストの数値として、この評価額を使用することはできない可能性もある。

今後段階的にフードバンク全体が、食料等の寄付の評価を精緻化させていくことを考える場合、最初の段階として、適正な評価に関する業界内でのある程度の合意形成が必要である。例えば、NPO法人会計基準では「注記」を非常に重要なものと考え、会計報告の中に組み込んでいる。そのことを活用し、フードバンク全体で手始めに、参考値として注記に計算根拠とともに現物寄付の値を示すことは、それほど難しいことではないかもしれない。参考となる寄付の値については、重量など貨幣額以外も可能ではあるが、経済効果を表すためにも、財務諸表の利用者が感覚的に把握する上でも、やはり貨幣額が望ましいであろう。

また、将来的にフードバンクの数が増加して大規模化し、業界内での連携や交流が活発化する、あるいは財務諸表を公認会計士が監査することが一般化し、客観的に現物評価する場合の適切なあり方について、独立第三者として会計専門家が議論するような状況になれば、さらに精緻な評価ができる環境が整う。社会に受け入れられる程度の客観性ある評価ができる状況になれば、活動計算書への計上、パブリック・サポート・テストの数値としての使用も可能となる。

営利企業とは異なり、フードバンクのような非営利組織は一概に拡大・発展すればよいというわけではない。しかし食品ロスの存在や、格差社会が急速に進行する日本の現状を考えれば、フードバンクの活動が今以上に社会にとって必要となることは明白である。

社会的重要性の高まりと並行して、より高水準の組織運営を維持することがフードバンクには求められる。会計に関しては、社会の信頼に耐え得る現物寄付の評価のあり方という観点から、適宜その手法を見直すことが必要となるであろう。フィーディング・アメリカの食料等の評価方法は、将来的に評価手法を進化させるにあたり、1つの効果的な先行事例として多くの手がかりを与えるものと考える。

＊本章は、上原優子（2016）「現物寄付とその評価――アメリカにおけるフードバンクの食料評価を事例として」『会計・監査ジャーナル』平成28年10月号：86-94に加筆修正を加えたものである。

注

1 Feeding America - Food Insecurity in the United States 参照。

2 Feeding America（2014）によれば、SN カタログは Grocery（2014）; Bakery（2014）; Frozen（2014）; Dairy（2014）; General Merchandise（2014）、Health and Beauty（2014）、Processed Meat（2014）; Non-Department（2014）; and Produce（2014）の価格カタログを総称したものである。

参考文献

上原優子（2016）「現物寄付とその評価――アメリカにおけるフードバンクの食料評価を事例として」『会計・監査ジャーナル』平成 28 年 10 月号：86-94。

公益財団法人流通経済研究所平成（2017）「28 年度農林水産省食品産業リサイクル状況等調査委託事業――国内フードバンクの活動実態把握調査及びフードバンク活用推進情報交換会実施報告書」。

セカンドハーベスト・ジャパン（2015）「フードバンク運営マニュアル」。

セカンドハーベスト・ジャパン（2016）「監査報告書」。

内閣府 NPO ホームページ：認定制度について（https://www.npo-homepage.go.jp/about/npo-kisochishiki/ninteiseido#PST）2018 年 1 月 2 日閲覧。

内閣府 NPO ホームページ：米国における 501(C)(３) 団体に係る寄付金税制の概要（https://www.npo-homepage.go.jp/about/kokusai-hikaku/beikifuzei-gaiyou）2018 年 1 月 2 日閲覧。

農林水産省：フードバンク「フードバンク活動の認知度」(2009 年)（http://www.maff.go.jp/j/shokusan/recycle/syoku_loss/foodbank/）2016 年 8 月 10 日閲覧。

三菱総合研究所（2014）「食品産業リサイクル状況等調査委託事業（リサイクル進捗状況に関する調査）報告書」。

Feeding America（2014）*Independent Accountants' Report on Applying Agreed-Upon Procedures.*

Feeding America（2015a）*Feeding FamiliesFeeding Hope - 2015 Annual Report.*

Feeding America（2015b）*Financial Statements June 30, 2015 and 2014.*

Feeding America "Food Insecurity in the United States"（http://map.feedingamerica.org/county/2014/overall/united-states）2016 年 8 月 10 日閲覧。

Feeding America "How We Work"（http://www.feedingamerica.org/about-us/how-we-work/）2016 年 8 月 10 日閲覧。

索　引

ア行

カ行

サ行

タ行

ナ行

ハ行

マ行

ヤ行

ラ行

数字・欧文

編著者・執筆者紹介

佐藤　順子（サトウ　ジュンコ）　**【編著者】　はじめに・第3章**
佛教大学　福祉教育開発センター専任講師
立命館大学文学部哲学科心理学専攻卒業
主な著書・論文：『マイクロクレジットは金融格差を是正できるか』（編著、ミネルヴァ書房、2016年）、「フランスにおける家庭経済ソーシャルワーカーの成立とその養成課程――日本に示唆するもの」『佛教大学社会福祉学部論集』第9号、2013年：165-179頁　ほか

小林　富雄（コバヤシ　トミオ）　**第1章**
愛知工業大学　経営学部教授
名古屋大学博士（農学）、名古屋市立大学博士（経済学）
主な著書・論文：Analysis of Food Bank implementation as Formal Care Assistance in Korea（*British Food Journal*, Vol. 120, Issue 01, pp. 182-195, 共著、2018年）、『改訂新版食品ロスの経済学』（農林統計出版、2018年）　ほか

角崎　洋平（カドサキ　ヨウヘイ）　**第2章**
日本福祉大学　社会福祉学部准教授
立命館大学大学院先端総合学術研究科一貫制博士課程修了、博士（学術）
主な著書・論文：『マイクロクレジットは金融格差を是正できるか』（共著、ミネルヴァ書房、2016年）、『正義（福祉+αシリーズ）』（共著、ミネルヴァ書房、2016年）　ほか

小関　隆志（コセキ　タカシ）　**第4・5・6章**
明治大学　経営学部教授
一橋大学大学院博士後期課程修了、博士（社会学）
主な著書・論文：『マイクロクレジットは金融格差を是正できるか』（共著、ミネルヴァ書房、2016年）、『金融によるコミュニティ・エンパワーメント』（ミネルヴァ書房、2011年）　ほか

上原　優子（ウエハラ　ユウコ）　**第7章**
立命館アジア太平洋大学　国際経営学部准教授

青山学院大学博士（プロフェッショナル会計学）
主な著書・論文：「不動産等の遺贈および現物寄付に関する国際比較――未使用不動産等を公益活動等へ転用する上での税法上の課題と展望」一般社団法人民間都市開発推進機構　都市研究センター *Urban Study* vol .64、2017年：1 -20頁、「現物寄付とその評価――米国におけるフードバンクの食料評価を事例として」日本公認会計士協会『会計・監査ジャーナル』vol.28、2016年：86 -94頁　ほか

後藤　至功（ゴトウ　ユキノリ）　**コラム**
佛教大学福祉教育開発センター　専任講師
佛教大学大学院修士（社会福祉学）
主な著書・論文：『災害ボランティア入門』（共著、ミネルヴァ書房、2018年）、『よくわかる地域包括ケア』（共著、ミネルヴァ書房、2018年）、『支援のための制度と法のあり方とは』（共著、批評社、2017年）　ほか

フードバンク——世界と日本の困窮者支援と食品ロス対策

2018 年 5 月 30 日　初版第 1 刷発行
2019 年 8 月 30 日　初版第 2 刷発行

編著者　佐　藤　順　子
発行者　大　江　道　雅
発行所　株式会社明石書店
〒101-0021 東京都千代田区外神田6-9-5
電　話　03-5818-1171
ＦＡＸ　03-5818-1174
振　替　00100-7-24505
http://www.akashi.co.jp

組　版　朝日メディアインターナショナル株式会社
装　丁　明石書店デザイン室
印　刷　株式会社文化カラー印刷
製　本　本間製本株式会社

（定価はカバーに表示してあります）　ISBN978-4-7503-4682-3

子ども食堂をつくろう！
人がつながる地域の居場所づくり

NPO法人 豊島子どもWAKUWAKUネットワーク 編著

■四六判／並製／196頁 ◎1400円

全国各地でオープンが相次ぐ子ども食堂。最大の魅力は、思いさえあれば、誰でも気軽に自分の地域で始められるということ。この本では、立ち上げ準備から運営のコツまで、先輩子ども食堂の体験談を交えながら紹介。子どもを地域で見守ることの意味について考える。

●内容構成●

第1章 子ども食堂って何だろう？
コラム 子ども食堂があってよかった！
第2章 子ども食堂のつくり方講座
コラム こども食堂の輪（ネットワーク）が広がっています。
第3章 私たち地域の子ども食堂
コラム WAKUWAKUはなぜホームスタートを始めたのか？
第4章 座談会・子ども食堂のミライ
——子ども食堂はなぜ必要か？
［栗林知絵子×天野敬子×松宮徹郎×西郷泰之］
第5章 あなたの街の子ども食堂

マイクロファイナンス事典

ベアトリス・アルメンダリズ、マルク・ラビー 編
笠原清志 監訳 立木勝 訳

■B5判／上製／708頁 ◎25000円

世界20数ヶ国におけるマイクロファイナンスの現状、金融の相互扶助組織、協同組合について、48人の執筆者がリサーチとその理論的整理を行う。マイクロファイナンス欧州研究センタ（CERMi）から刊行された本分野の基本図書、待望の邦訳版。

●内容構成●

前書きと各章の概略——マイクロファイナンスにおけるミスマッチの探求
第1部 マイクロファイナンス実践の理解
第2部 マイクロファイナンスのマクロ環境と組織的背景の理解
第3部 商業化へ向けた現在の流れ
第4部 満たされない需要を満たす——農業融資の課題
第5部 満たされない需要を満たす
——預金、保険、超貧困層への照準
第6部 満たされない需要を満たす——ジェンダーと教育

〈価格は本体価格です〉